T0207720

essentials

essentials liefern aktuelles Wissen in konzentrierter Form. Die Essenz dessen, worauf es als „State-of-the-Art" in der gegenwärtigen Fachdiskussion oder in der Praxis ankommt. *essentials* informieren schnell, unkompliziert und verständlich

- als Einführung in ein aktuelles Thema aus Ihrem Fachgebiet
- als Einstieg in ein für Sie noch unbekanntes Themenfeld
- als Einblick, um zum Thema mitreden zu können

Die Bücher in elektronischer und gedruckter Form bringen das Fachwissen von Springerautor*innen kompakt zur Darstellung. Sie sind besonders für die Nutzung als eBook auf Tablet-PCs, eBook-Readern und Smartphones geeignet. *essentials* sind Wissensbausteine aus den Wirtschafts-, Sozial- und Geisteswissenschaften, aus Technik und Naturwissenschaften sowie aus Medizin, Psychologie und Gesundheitsberufen. Von renommierten Autor*innen aller Springer-Verlagsmarken.

Weitere Bände in der Reihe https://link.springer.com/bookseries/13088

Pamela Heise · Silja Hallermayr

Grüne Stadt – Gesunder Mensch

Herausforderungen, Lösungsansätze und Handlungsfelder

Pamela Heise
Hochschule Coburg
Coburg, Deutschland

Silja Hallermayr
München, Deutschland

ISSN 2197-6708   ISSN 2197-6716   (electronic)
essentials
ISBN 978-3-662-65316-6   ISBN 978-3-662-65317-3   (eBook)
https://doi.org/10.1007/978-3-662-65317-3

Die Deutsche Nationalbibliothek verzeichnet diese Publikation in der Deutschen Nationalbibliografie; detaillierte bibliografische Daten sind im Internet über http://dnb.d-nb.de abrufbar.

Planung/Lektorat: Simon Shah-Rohlfs
Springer Spektrum ist ein Imprint der eingetragenen Gesellschaft Springer-Verlag GmbH, DE und ist ein Teil von Springer Nature.
Die Anschrift der Gesellschaft ist: Heidelberger Platz 3, 14197 Berlin, Germany

Was Sie in diesem *essential* finden können

- Einen grundlegenden Überblick über gesundheitliche Folgen des Lebens in der Stadt
- Eine umfassende Darstellung von positiven gesundheitlichen Effekten der Grünen Stadt
- Eine prägnante Übersicht kommunalpolitischer Wege zu einer Grünen Stadt
- Eine Darlegung verschiedener Herausforderungen und Interessenkonflikte beim Thema Stadtgrün
- Eine differenzierte exemplarische Darstellung vielfältiger Lösungsansätze zum Thema Stadtgrün in Deutschland und Europa
- Einen Ausblick über zukünftige Handlungsfelder für die Schaffung einer gesundheitsförderlichen, lebenswerten und durchgrünten Stadt

Vorwort

„Die Schwärmerei für die Natur kommt von der Unbewohnbarkeit der Städte"
(Brecht, 1965, S. 118).

Dieses Zitat aufgreifend wird im Folgenden untersucht, ob und inwiefern Städte und gebaute Umwelt tatsächlich Einfluss auf das menschliche Wohlergehen nehmen. Sind Städte, so wie Brecht formulierte, wirklich ausschließlich negativ auf seine Bewohner wirkende Agglomerationsräume? Eine differenzierte Betrachtung ist notwendig:

Das Leben in der Stadt und die Inanspruchnahme von städtischer Infrastruktur bietet für Bewohner viele Vorteile: neben dem breiten Angebot an Bildung, Kultur und beruflichen Möglichkeiten übt die gut ausgebaute Gesundheitsversorgung bei hohem Mobilitätspotential eine starke Anziehungskraft auf Menschen aus. Weltweit leben heute über 50 % der Menschen in urbanen Räumen, welche ca. 3 % der Erdoberfläche ausmachen (Flade, 2018, S. 229). In Deutschland leben 77,3 % der Menschen in Stadtgebieten (Statista, 2020, S. 39). Dabei leistet die Gestaltung der Stadt einen wichtigen Beitrag zur Lebensqualität und Zufriedenheit der Bürger. Eine lebenswerte Stadt vermag es, Menschen anzuziehen und Bewohner zu halten, was ein nicht zu vernachlässigender Faktor im Wettbewerb der Kommunen um (steuerzahlende) Einwohner ist. Aber auch Unternehmen und Touristen interessieren sich für attraktive und durchgrünte Städte.

Vom Wunsch nach Kultur- und Freizeitangeboten über berufliche Chancen und Bildung bis hin zu sonnigen und grünen Orten der Erholung – jeder Mensch entscheidet individuell, was eine für ihn lebenswerte Stadt ausmacht (LifeVERDE, 2021). Die WHO definiert Lebensqualität als „die Wahrnehmung des Einzelnen über seine Position im Leben im Kontext der Kultur und der Wertesysteme, in denen er lebt, und in Bezug auf seine Ziele, Erwartungen, Normen und

Anliegen" (WHO, 2021b). Der Einklang aus persönlichen Empfindungen und den Werten, für welche die gebaute Umwelt steht, spielt für eine hohe Lebensqualität eine große Rolle. Somit kann das Bild einer Stadt verhältnispräventiv auf die Menschen wirken und eine lebenswerte Stadt die Gesundheit und das Wohlbefinden der Bewohner positiv beeinflussen.

Neben den Vorteilen, die eine städtische Infrastruktur bietet, gibt es jedoch auch diverse Probleme, welche mit der für Städte typisch hohen Bevölkerungs- und Bebauungsdichte einhergehen. Neben den Auswirkungen von Wohnraumdruck und Umweltbelastungen weisen viele deutsche Städte ein Defizit an Grünflächen auf, welche für eine Durchlüftung des Lebensraums sowie für die Lebensqualität in einer Stadt eine essenzielle Rolle spielen (LifeVERDE, 2021). Mit jedem weiteren versiegelten Quadratmeter wächst die Relevanz von Grün- und Freiflächen, um ein attraktives und lebenswertes Leben in der Stadt zu ermöglichen (Menke, 2020, S. 252).

Vor diesem Hintergrund ist es den Autorinnen ein Anliegen, der Frage nach den gesundheitlichen Folgen des Stadtlebens nachzugehen und aufzuzeigen, inwiefern eine grüne Stadtentwicklung die menschliche Gesundheit und das Wohlbefinden positiv beeinflussen können. Dabei behalten sie stets die WHO-Definition von Gesundheit im Blick, den „Zustand völligen körperlichen, seelischen und sozialen Wohlbefindens" (WHO, 2021a). Zwar gibt es neben dem Faktor „Stadtnatur" weitere ökologische, soziale und ökonomische Faktoren, welche die menschliche Gesundheit beeinflussen, jedoch werden diese aufgrund des bewusst gesetzten Schwerpunktes der Ausarbeitung nicht näher dargestellt.

Daraus ergibt sich eine Struktur, in welcher darauf eingegangen wird, inwiefern ein grünes Stadtbild die Gesundheit der Bewohner fördern und verbessern kann. Dabei wird zunächst ein grundlegendes Verständnis dafür entwickelt, welche gesundheitlichen Folgen ein Leben in der Stadt mit sich bringen kann und inwiefern der Klimawandel zu einer Verschärfung der Situation beiträgt. Darauf aufbauend werden potenziell positive gesundheitliche Effekte eines grünen Stadtbildes vorgestellt. Zudem wird darauf eingegangen, welche kommunalpolitischen Wege es gibt, um zu einer Grünen Stadt zu gelangen. Und es wird ergänzend dargelegt, welche Herausforderungen und etwaigen Interessenkonflikte beim Thema Stadtgrün auftreten können.

Zum besseren Verständnis werden im Anschluss vielfältige Arten von Stadtgrün exemplarisch skizziert. In einer kritischen Betrachtung wird schließlich eine Bewertung der beschriebenen Lösungsansätze vorgenommen. Nach Berücksichtigung und Abwägung aller Chancen und Risiken der vorgestellten städtebaulichen Maßnahmen schließen die Verfasserinnen mit einer Zusammenstellung potenzieller zukünftiger Handlungsfelder, die dazu beigetragen können, den urbanen Lebensraum durch die Schaffung hochwertiger und nutzbarer Grün- und Freiflächen möglichst gesundheitsförderlich zu gestalten.

Pamela Heise
Silja Hallermayr

Inhaltsverzeichnis

Über die Autorinnen

Prof. Dr.-Ing. Pamela Heise ist nach ihrem Studium der Stadt- und Regionalplanung, Praxisjahren im In- und Ausland (Wissenschaft und Projektmanagement) sowie nach Jahren als Professorin an der International School of Management in Dortmund (Tourism & Event Mangement) seit 2010 an der Hochschule für angewandte Wissenschaften Coburg tätig.

Hier vertritt sie in den Studiengängen „Integrative Gesundheitsförderung" (B.Sc.) sowie „Gesundheitsförderung" (M.Sc.) die Forschungsschwerpunkte Gesundheitsförderung im Kontext von Freizeit und Tourismus, gesunde Architektur und Stadtplanung, Wirkungsgefüge des demographischen Wandels auf unterschiedliche Gesellschafts- und Wirtschaftsbereiche, nachhaltiges Tourismus- und Destinationsmanagement sowie Projektmanagement.

Prof. Heise ist als Gastprofessorin regelmäßig an Partnerhochschulen im Ausland tätig und verfügt daher auch über internationale Kontakte zu Kommunen, Unternehmen und Hochschulen.

Silja Hallermayr hat den Bachelorstudiengang „Integrative Gesundheitsförderung" im Sommersemester 2021 an der Hochschule Coburg absolviert. Während des Studiums hat sie sich auf die Schwerpunkte Arbeit und Gesundheit sowie Kuration, Rehabilitation und Gesundheit spezialisiert. Im Rahmen ihrer Bachelorarbeit hat sie sich intensiv mit dem Thema Grüne Stadt auseinandergesetzt. Im Anschluss daran hat sie im Wintersemester 2021/2022 den Masterstudiengang „Strategie und Innovation im Tourismus" an der Hochschule München begonnen. Neben dem Studium ist sie als Werkstudentin im Bereich des Münchner Mobilitätsmanagements tätig.

Kontakt:
Hochschule für angewandte Wissenschaften Coburg
Prof. Dr.-Ing. Pamela Heise, Silja Hallermayr (B.Sc.)
Friedrich-Streib-Str. 2
D-96450 Coburg
E-Mail: pamela.heise@hs-coburg.de, silja-hallermayr@outlook.de
Web: https://www.hs-coburg.de/studium/bachelor/soziale-arbeit-und-gesund-heit/integrative-gesundheitsfoerderung.html

Abkürzungsverzeichnis

CO_2	Kohlenstoffdioxid
NK	Natürliche Killerzellen
NO_2	Stickstoffdioxid
ÖPNV	Öffentlicher Personennahverkehr
PM2,5	Feinstaub
UV	Ultraviolettstrahlung
WHO	World Health Organization

Neben den zuvor kurz beschriebenen positiven Wirkungen des Lebens in Städten birgt es auch Risiken, insbesondere in Bezug auf Stress und psychische Erkrankungen. Besonders das Gefühl der Machtlosigkeit gegenüber sozialen und anders gearteten Stressoren belastet die Psyche und ist eine mögliche Erklärung für das erhöhte Aufkommen an psychischen Erkrankungen in der städtischen Bevölkerung (Adli & Schöndorf, 2020, S. 981–982). Im urbanen Raum sind ein angenehmes Wohnumfeld und erreichbare Grünflächen tragende Säulen der Förderung der Lebensqualität und Gesundheit (Hachmann, 2020, S. 262). Jedoch werden immer mehr Grün- und Freiflächen zugunsten der Urbanisierung aufgegeben, um Wohnraum zu schaffen (Menke, 2020, S. 252). Zusätzlich macht sich der Klimawandel in städtischen Gebieten durch die Häufung von Extremwetterereignisse bemerkbar. Aufgrund der dichten und versiegelten Bebauung in der Stadt wird die Gesundheit der Bewohner bei solchen Wetterereignissen belastet, wie z. B. durch Starkregen (Hachmann, 2020, S. 263–264). Die bereits gesundheitsschädlichen klimatischen Bedingungen werden darüber hinaus durch belastende Faktoren wie Feinstaub, Luftverschmutzung und Lärm ergänzt (Menke, 2020, S. 254). Gleichzeitig verdichten sich in der wissenschaftlichen Literatur die Hinweise darauf, dass das Wohlbefinden der Bewohner durch urbane Naturräume gefördert werden kann (Salomon et al., 2018, S. 249).

Insbesondere urbane Grünflächen können einen positiven Effekt auf die physische und psychische Gesundheit haben (Adli & Schöndorf, 2020, S. 984), indem sie als Orte der Erholung und Bewegung dienen. Damit tragen sie zur Lebensqualität in Städten bei und wirken sich auch in Bezug auf den Klimawandel in Städten positiv aus (Salomon et al., 2018, S. 249). In den folgenden Kapiteln werden zunächst die Auswirkungen des Stadtlebens auf die Gesundheit der Stadtbewohner näher beleuchtet. Darauf aufbauend wird auf die positiven Effekte von städtischem Grün auf die menschliche Gesundheit eingegangen.

„Zu den wesentlichen sich gegenseitig bedingenden Merkmalen von Städten gehören Dichte, Zentralität, innere Differenzierung und urbane Lebensformen" (Köckler & Sieber, 2020, S. 928). Dabei ermöglicht Dichte in den Städten den Bewohnern einerseits ein umfassendes gesundheitliches Angebot mit Spezialisten, Krankenhäusern oder auch Prävention. Andererseits ist gerade eine hohe Besiedlungsdichte Auslöser von erhöhter Lärmbelastung, Luftverschmutzung oder Hitzezonen. Diese sogenannten städtische Hitzeinseln entstehen vorwiegend in der Nacht an dicht bebauten und stark versiegelten Orten und stellen eine erhöhte bioklimatische Belastung dar (Hachmann, 2020, S. 263). In Deutschland ist das urbane Stadtbild unter anderem durch Bebauungsdichte geprägt (Köckler & Sieber, 2020, S. 928–929). „Eine Konsequenz dieser Entwicklung ist, dass ein immer größerer Anteil der Bevölkerung in dicht besiedelten und dicht bebauten Räumen lebt" (Köckler & Sieber, 2020, S. 929). Gerade beim Thema Dichte stellt sich die Frage, inwiefern und in welchem Maß sie Auswirkungen auf die Gesundheit der Bevölkerung hat. Die Bereitstellung von Wohnraum und zugleich genug Grün- und Freiflächen in dicht besiedelten Städten stellt Städte vor eine besondere Herausforderung. Denn gerade durch die Verdichtung von Wohnraum in Städten werden häufig Grün- und Freiflächen aufgegeben und den Bewohnern somit der Zugang zu solchen Orten erschwert (Köckler & Sieber, 2020, S. 929). Darüber hinaus zerschneidet die starke Präsenz von Individualmotorisierung und einer entsprechenden Straßeninfrastruktur in den Städten die verfügbaren grünen Plätze. Dadurch fehlen in stark verdichteten Städten häufig öffentliche Plätze für soziale Begegnungen, Bewegung und Erholung (Salomon et al., 2018, S. 248). Doch gerade diese Flächen sind ausschlaggebend für das Wohlbefinden der Bewohner (Köckler & Sieber, 2020, S. 929), da sie für „Erholung, Frischluftproduktion und thermische Kühlung" (Köckler & Sieber, 2020, S. 929) sorgen. So können verschiedene Krankheiten, wie beispielsweise Atemwegserkrankungen, mit der Wohnsituation zusammenhängen. Diese Erkrankungen werden durch eine mangelnde Umweltqualität, wie etwa Luftverschmutzung, Lärm oder eingeschränktem Zugang zu Grünflächen, begünstigt (Salomon et al., 2018, S. 248–249). Um auch in Zukunft ein gesundes Leben in der Stadt zu ermöglichen, müssen daher diverse Faktoren beachtet und ihre negativen Wirkungen vermieden respektive kompensiert werden. Dazu zählen neben Luftverschmutzung und Lärm besonders klimawandelbedingte Herausforderungen, wie beispielsweise Starkregenereignisse oder steigende Temperaturen (Saß et al., 2020, S. 926).

Im Folgenden wird auf die unterschiedlichen Wirkungen und Interdependenzen bestimmter Umwelteinflüsse und deren Folgen für eine Stadt und ihre Bewohner eingegangen.

1.1 Temperatur und Wetter

Der Klimawandel stellt die Städte vor neue Herausforderungen und Probleme, die es zu bewältigen gilt. So wird mit einer „Zunahme von Hitzetagen (Temperaturmaximum höher als 30°C), Tropennächten (Temperatur fällt nachts nicht unter 20°C) und lang andauernden Hitzeperioden […] sowie damit verbunden [der] Verstärkung des Effekts städtischer Hitzeinseln" (Rittel, 2014, S. 28) gerechnet. Darauf muss das Gesundheitswesen vorbereitet werden, da dies die Bewohner vermehrt bioklimatisch belasten wird (Rittel, 2014, S. 28). Die starke Sonnenstrahlung und UV-Belastung kann zudem die Gefahr von Hautkrebs und Augenlinsentrübung steigern (Berger et al., 2019, S. 612–613).

Neben der Belastung durch erhöhte Temperaturen steigt auch das Risiko von Überschwemmungen und Unwetter. So kann beispielsweise Starkregen in dicht bebauten und versiegelten urbanen Räumen zu einer Überlastung der Kanalisation und somit zu Überschwemmungen führen. Überschwemmungen und Unwetter können physische und psychische Traumata bei den Betroffenen verursachen und im schlimmsten Fall sogar Menschenleben kosten (Berger et al., 2019, S. 612–613). Außerdem kann es zur Beeinträchtigung der Trinkwasserqualität kommen, da getroffene Schutzmaßnahmen durch große Wassermassen überfordert sind und ggf. nicht wirken. Dadurch können auch Infektionskrankheiten ausgelöst werden. Dazu zählen beispielsweise Parasiten, Norovirus, Hepatitis A oder auch Bakterien (Militzer & Kistemann, S. 301). Nicht nur durch Unwetter verursachte große Wassermengen stellen ein Gesundheitsrisiko dar. Auch der Mangel an Wasser kann der Stadtbevölkerung gefährlich werden (Rittel, 2014, S. 29). „Veränderungen des Grundwasserstandes sowie der Wasserführung in Fließ- und Stillgewässern sind insbesondere dann gesundheitlich relevant, wenn sie aufgrund langanhaltender Trockenperioden zeitweise oder langfristig sinken" (Rittel, 2014, S. 29) und folglich zu einem Trinkwassermangel führen. Durch erhöhte Wassertemperaturen oder eine starke Schadstoffbelastung der Gewässer kann die Ästhetik der Umgebung durch unangenehme Gerüche gemindert und damit die Gesundheit der Bevölkerung beeinträchtigt werden. Die verschiedenen Aspekte zeigen, dass sich die Folgen des Klimawandels unterschiedlich auf die Gesundheit und das Wohlbefinden der Bewohner auswirken können (Rittel, 2014, S. 29). Besonders durch anhaltende Hitze kann die Blaualgenbildung in Gewässern begünstigt werden, wodurch die Nutzbarkeit von Gewässern zur Naherholung erheblich eingeschränkt wird. Durch die steigende Gefahr von Extremwetterereignissen (z. B. Hitzewellen, Stürme, Erdrutsche, extreme Temperaturen) steigt auch die Zahl der Verletzten und Toten (Berger et al., 2019, S. 612). Heute schon ist von ca. 16.000 Toten jährlich durch Extremwetterereignisse in den G20-Staaten auszugehen. Für weitere Staaten wurden keine vergleichbaren Angaben gemacht (Climate Transparency, 2019, S. 6). In dem G20-Ranking der Todesopfer durch Extremwetterereignisse steht Deutschland an vierter Stelle mit 0,58/100.000 Einwohner, vor Indien mit 0,32/100.000 Einwohner (Statista, 2019).

Gerade in Städten äußern sich die Folgen des Klimawandels verstärkt, da durch die dichtere Bebauung die Temperatur grundsätzlich höher ist als in ländlichen Gegenden. Durch die starke Verdichtung und Versiegelung herrscht eine geringe Durchlüftung, es können keine Kaltluftschneisen entstehen und es kommt zur Überwärmung. Städte entwickeln sich zu Hitzeinseln. Im Sommer 2003 entwickelte sich in Folge des Hochs „Michaela" eine enorme Hitzewelle und forderte viele Tote. Im Rahmen einer Analyse im Auftrag der Europäischen Kommission stellte sich heraus, dass allein in Deutschland mehr als 7000 Menschen in Folge der enormen Hitze starben (Grewe, 2016, S. 298). Neben zu hohen Temperaturen kann die menschliche Gesundheit auch durch extreme Luftfeuchtigkeit und geringe Luftbewegungen belastet werden (Zielo & Matzarakis, 2018, S. 36). „Um die Funktionsfähigkeit des Gehirns und der überlebenswichtigen inneren Organe zu gewährleisten, ist der menschliche Organismus bestrebt, die Körperkerntemperatur bei konstanten 37°C zu halten" (Zielo & Matzarakis, 2018, S. 36). Durch die ungewohnte Außentemperatur muss der Körper die Wärmeproduktion und -abgabe durchgehend anpassen. Dabei wird besonders das kardiovaskuläre System beansprucht, da Thermoregulation und Blutdruck direkt verbunden sind. Bereits durch minimale Abweichungen werden im Hypothalamus verschiedene Prozesse in Gang gebracht: Erstens wird das Herzzeitvolumen erhöht, sodass sich die Pumpleistung des Herzens erhöht und das Organ stärker als gewöhnlich belastet wird. Zweitens muss der Körper seinen Wasserhaushalt anpassen, um die Hitze zu regulieren und die Körpertemperatur zu senken – der Körper fängt an zu schwitzen. Dabei kann ein Mensch innerhalb einer Stunde rund zwei Liter Schweiß produzieren. Der dadurch bedingte Flüssigkeitsverlust kann schwere Folgen nach sich ziehen. Neben Dehydration können beispielsweise Vorerkrankungen von Herz oder Niere verstärkt werden (Zielo & Matzarakis, 2018, S. 36).

Zusammenfassend ist daher zu konstatieren, dass sich die Umweltfaktoren Wetter und Temperatur auf die Entstehung von Hautkrebs, Augenlinsentrübung, Dehydration sowie psychischen und physischen Traumata auswirken. Zudem können sie negative Folgen für das kardiovaskuläre System haben, bestehende Vorerkrankungen verstärken und die Mortalität steigern.

1.2 Lärm

Die dichte Bebauung der Städte führt nicht nur in Bezug auf Temperaturen und Unwetter zu gesundheitlichen Beeinträchtigungen, sondern auch im Bereich der Lärmbelastung. Durch den Verkehr und gewerbliche Einrichtungen fühlen sich viele Bewohner belästigt (Köckler & Sieber, 2020, S. 929). So sind laut Umweltbundesamt 13,2 % der Deutschen in ihrer nächtlichen Ruhe und rund 20 % sowohl am Tag, am Abend als auch in der Nacht durch Lärm belastet (Umweltbundesamt, 2020). Im urbanen Raum treffen aufgrund der Dichte der Bebauung und der Vielzahl an Menschen viele verschiedene Lärmquellen aufeinander. Diese Quellen reichen dabei von Rufen und Gesprächen der Mitmenschen bis hin zum Straßen- und Flugverkehr (Wothge & Niemann, 2020, S. 987–989). „Neben Lärmbelästigung, Schlafstörungen und Beeinträchtigungen in der kognitiven Entwicklung kann eine andauernde, langjährige Geräuschbelastung unter anderem Herz-Kreislauf-Erkrankungen zur Folge haben und Depressionen begünstigen" (Wothge & Niemann, 2020, S. 987). Besonders in städtischen Gebieten stellt der Straßenverkehr eine große Lärmquelle dar. Hier sind Betroffene tagsüber mit über 55 Dezibel und nachts mit über 50 Dezibel belastet. Dies entspricht einer zweimal so hohen Belastung im Vergleich zu ländlichen Gebieten. Zu den Folgen dieser hohen Belastung für die menschliche Gesundheit zählen insbesondere Beeinträchtigungen des Schlafrhythmus und der kognitiven Leistung (Wothge & Niemann, 2020, S. 987–988).

Eine repräsentative Bevölkerungsumfrage des Umweltbundesamtes zum Umweltbewusstsein im Jahr 2018 zeigt, dass sich allein durch Straßenverkehrslärm 75 % der Befragten belästigt fühlen. 60 % der Teilnehmer leiden aber auch unter Belästigungen durch Lärm von Nachbarn (Umweltbundesamt, 2021). Neben Verkehrslärm stellt, insbesondere im urbanen Raum, der Nachbarschaftslärm somit eine weitere Quelle der Lärmbelästigung dar. Durch diese können individuelle Reaktionen der Betroffenen auf die störende Situation bzw. die Störenden (z. B. Wut, Ärger) ausgelöst werden, welche später in Resignation enden können. Dabei reagiert der Körper mit Stress auf die belastende Situation, die mit Veränderungen in der Physiologie, den Emotionen, der kognitiven Leistung und dem Verhalten einhergeht (Wothge & Niemann, 2020, S. 988–989).

Die Belastung durch Lärm hat darüber hinaus Auswirkungen auf den natürlichen Erholungsmodus des menschlichen Körpers: den Schlaf. Als essenzieller Teil des menschlichen Lebens dient er der Erholung von Körper und Geist. Wenn der Schlaf kontinuierlich gestört wird oder zu kurz ausfällt, können sich negative gesundheitliche Folgen beispielsweise für das neuroendokrine System oder das Herz-Kreislaufsystem einstellen (Wothge & Niemann, 2020, S. 989–990). So kann lärmbedingt unterbrochener Schlaf die Entwicklung von Herz-Kreislauf-Erkrankungen zur Folge haben oder sogar fördern. Dabei kann es u. a. zu oxidativem Stress, höheren Neurohormonspiegeln oder arteriellem Bluthochdruck kommen (Münzel et al., 2020, S. 309–310). Durch die Auswirkungen auf das Hormon- und autonome Nervensystem können außerdem die Blutgerinnung oder die Herzfrequenz beeinträchtigt werden. Dies kann im äußersten Fall zu einem Herzinfarkt führen. Neben den Auswirkungen auf das Herz-Kreislaufsystem kann zudem die Psyche des Menschen durch lärmbedingten Schlafmangel oder dauerhafte Lärmexposition beeinträchtigt werden, sodass nach jahrelanger Belastung beispielsweise Depressionen oder Angststörungen auftreten können (Wothge & Niemann, 2020, S. 992–993). In der Wissenschaft geht man zudem davon aus, dass v. a. durch Verkehrslärm, aber auch durch dauerhafte Feinstaubexposition in Städten, bei Bewohnern vermehrt psychische Erkrankungen wie z. B. „Depressionen, Angststörungen, Psychosen und Suizid" auftreten können (Hahad, Omar et al., 2020, S. 1701).

Auch im Rahmen der Heinz Nixdorf Studie aus dem Ruhrgebiet wurde festgestellt, dass ein signifikanter Zusammenhang zwischen Umgebungslärm und depressiven Störungen besteht. Im Rahmen dieser Langzeitstudie (ab 2000) wurde der Zusammenhang zwischen langfristiger Luftverschmutzung und der Inzidenz von Schlaganfällen sowie koronaren Ereignissen unter Berücksichtigung von Lärm untersucht (Ärzteblatt, 12/2015).

Zudem kann sich Umgebungslärm auch auf die Entwicklung von Kindern negativ auswirken: viele kognitive Funktionen sind bei Kindern noch nicht vollständig entwickelt, sodass junge Menschen durch lärmbedingte Beeinträchtigungen besonders gefährdet sind. Im Entwicklungsprozess können die kognitive Leistungsfähigkeit und das Langzeitgedächtnis negativ beeinflusst werden (Wothge & Niemann, 2020, S. 992–993). Zusammenfassend lässt sich festhalten, dass sich eine andauernde Lärmbelastung negativ auf das Herz-Kreislaufsystem auswirkt sowie den Schlaf, die kognitive Leistung und die Psyche negativ beeinträchtigt. Die gesundheitlichen Folgen reichen dabei von Verhaltensänderungen über Angststörungen bis hin zu Depressionen.

Weitere Ergebnisse zu den Themen Lärm und Lärmwahrnehmung in Städten liefert die Lärmbilanz 2020 des Umweltbundesamtes, in welcher die Meldungen der Bundesländer zur Lärmkartierung und zur Lärmaktionsplanung ausgewertet wurden (Umweltbundesamt, 2021).

1.3 Luftverschmutzung

Die zunehmende Urbanisierung führt zu einer Reduzierung unbesiedelter Flächen. Neben der Ausdehnung von städtischem Lebensraum werden auch bereits urbanisierte Flächen wie beispielsweise Innenstädte nachverdichtet, und Stadtränder weiten sich aus (Kümper-Schlake, 2016, S. 104). „Während Städte nur etwa 2 % der Erdoberfläche einnehmen, zeichnen die Aktivitäten und Bedürfnisse der Stadtbevölkerung für beinahe 80 % der Kohlenstoffemissionen, 60 % des Wasserverbrauches und der Nutzung von drei Vierteln der Holzressourcen verantwortlich" (Kümper-Schlake, 2016, S. 104). Folglich steigt die Luftschadstoffkonzentration, und dies kann die Gesundheit der Stadtbevölkerung auf verschiedene Arten beeinträchtigen. Besonders intensiv äußert sich die Belastung an heißen Tagen, da unter diesen Bedingungen Ozon und Feinstaub konzentrierter auftreten. Zudem verbringen die Menschen an warmen Tagen mehr Zeit im Freien und sind somit den Umweltbelastungen verstärkt ausgesetzt (Rittel, 2014, S. 29). Hinsichtlich der Luftbelastung spielt im städtischen Umfeld insbesondere der motorisierte Straßenverkehr eine große Rolle. Die durch ihn verursachte überdurchschnittliche Aussetzung von NO_2 stellt ein gesundheitliches Risiko für die Atemwegsorgane dar. Die erhöhte Aufnahme von Ozon und Feinstaub wirkt sich dabei negativ auf das kardiovaskuläre System und die Atemwegsorgane aus (Salomon et al., 2018, S. 247–248). In Deutschland lebt etwa ein Drittel der Bevölkerung an dicht besiedelten Orten, an welchen es häufig zu einer besonders hohen Luftschadstoffexposition kommt. Einen großen Teil zur Luftverschmutzung tragen neben dem bereits erwähnten Straßenverkehr Industrie und Gewerbe bei.

Zu den relevanten negativen Auswirkungen der Luftschadstoffe auf die Lunge zählen unter anderem gestörte Wachstumsprozesse, oxidativer Stress und Entzündungen im Atemtrakt. Besonders die letzten beiden Aspekte tragen zudem dazu bei, dass die Immunabwehr gegenüber Krankheitserregern geschwächt ist und das Eintreten der Erreger in den Atemtrakt dadurch erleichtert wird (Schulz et al., 2019c, S. 419).

Zwar liegt bei der Luftverschmutzung und ihren Auswirkungen auf die Gesundheit ein besonderer Fokus auf den Atemwegsorganen – jedoch stellen die über die Atmung aufgenommenen Schadstoffe auch ein Risiko für das Herz-Kreislaufsystem dar (Schulz et al., 2019b, S. 360–361). Auswirkungen können Herzrhythmusstörungen, Arterienverkalkung und erhöhter Blutdruck sein, was zu Herzinfarkten oder Schlaganfällen führen kann (Schulz et al., 2019a, S. 291). Belastungen durch Luftschadstoffe treten meist in gemischter Form auf oder werden durch einen weiteren Umweltfaktor (z. B. Hitze) ergänzt. Diese gleichzeitig auftretenden Faktoren können sich gegenseitig verstärken und haben so einen synergetischen Effekt. Beispielsweise steht die Kombination aus Hitze und Luftschadstoffen häufig in Bezug zu einer gesteigerten Morbidität und Mortalität. An besonders heißen Tagen sind die Auswirkungen von Luftschadstoffen dementsprechend verstärkt wahrzunehmen. Gleiches gilt für die Sensibilität der Menschen gegenüber Hitze kombiniert mit einer erhöhten Schadstoffkonzentration. Das Herz-Kreislaufsystem ist durch das Zusammenspiel beider Faktoren besonders belastet und das Risiko der kardiovaskulären Mortalität folglich erhöht. Auch hier verstärkt der Klimawandel durch verminderte Luftqualität und erhöhte Temperaturen die negativen gesundheitlichen Folgen (Pickford et al., 2020, S. 962–964). „So wurde gezeigt, dass sowohl Änderungen in der Lufttemperatur als auch eine erhöhte Belastung mit Außenluftschadstoffen mit erhöhter Blutviskosität und Gerinnbarkeit, erhöhten Cholesterinwerten und Entzündungsreaktionen assoziiert sind" (Pickford et al., 2020, S. 965). Dass die Gesundheit durch Luftschadstoffe negativ beeinträchtigt werden kann, ist vielfach belegt. Zu den allgemeinen Auswirkungen gehören Beeinträchtigungen der Lungenfunktion, des Herz-Kreislaufsystems, des Gehirns und auch die Mortalität (Schulz et al., 2019a, S. 290). Außerdem sind folgende pathophysiologischen Mechanismen für die gesundheitlichen Auswirkungen von Lärm und Luftverschmutzung relevant:

1. Störung des endokrinen Systems
2. Inflammation
3. oxidativer Stress
4. Thrombogenese (Hahad, Omar et al., 2020, S. 1703).

Festzuhalten ist zudem, dass in Städten Mehrfachbelastungen durch Hitze, Lärmbelastungen und Luftschadstoffe auftreten. Dazu kommt der Mangel an Umweltressourcen wie Grün- und Blauräume, welcher die Belastungen noch weiter verstärkt (Salomon et al., 2018, S. 247). Daher muss die Notwendigkeit und Unabdingbarkeit von stadtökologischen Maßnahmen in Form von Stadtgrün noch vehementer in den Blick gerückt werden, da urbane Grün- und Freiflächen unverzichtbare Ökosystemleistungen und nicht substituierbare Chancen darstellen,

Luftqualitätsprobleme sowie Lärmbelastungen zu reduzieren und als ökologische Ausgleichsräume zum sprichwörtlichen Aufatmen zu dienen (Claßen, 2018, S. 300).

1.4 Psychische und stressbedingte Folgen

Als weitere gesundheitliche Auswirkung des Lebens in der Stadt stehen stressbedingte, psychische Belastungen und Erkrankungen im Fokus, welche für die Stadtbevölkerung ein besonderes Risiko darstellen (Adli & Schöndorf, 2020, S. 979). So tritt in der Stadt beispielsweise „Schizophrenie, eine Gruppe psychischer Erkrankungen, die häufig durch Störungen von Erleben, Wahrnehmung, Denken, Antrieb und Affekt gekennzeichnet ist" (Adli & Schöndorf, 2020, S. 979), beinahe doppelt so häufig auf wie auf dem Land. Für Menschen, die nicht nur in der Stadt leben, sondern dort auch aufgewachsen sind, ist das Risiko im Vergleich zur Landbevölkerung sogar bis zu dreimal so hoch, an Schizophrenie zu erkranken (Adli & Schöndorf, 2020, S. 979). Peen und Kollegen zeigen, dass für Stadtbewohner das Risiko für Stimmungsstörungen und Angststörungen höher ist als für Landbewohner, wobei als primärer Auslöser das Leben in der Stadt vermutet wird (Peen et al., 2010, S. 84). Im Rahmen einer Studie von Sundquist und Kollegen wird das Risiko einer psychotischen Erkrankung oder Depression in Abhängigkeit von der Dichte des Wohnumfeldes untersucht. Die Ergebnisse zeigen, dass Menschen in einem stark verdichteten Wohnumfeld ein etwa 68 bis 77 % höheres Risiko für psychotische Erkrankungen und ein rund 12 bis 20 % höheres Risiko für Depressionen aufweisen als die Vergleichsgruppe aus gering besiedelten Wohnumgebungen (Sundquist et al., 2004, S. 293).

Das Leben in der Stadt konfrontiert die Menschen vielseitig mit Reizen, Dichte, Anonymität und Betriebsamkeit, die alle Auswirkungen auf die Psyche haben können (Adli & Schöndorf, 2020, S. 981). Ein Leben in der Stadt hinterlässt Spuren. Beispielsweise ist die Reaktion auf Stress und die stressbedingte Emotionsverarbeitung bei Stadtbewohnern anders ausgeprägt als bei Landbewohnern, indem besonders die Gefahr für psychische Erkrankungen wie etwa Depressionen, Angsterkrankungen und Schizophrenie im städtischen Umfeld größer ist. Die Stadt ist hierbei nicht zwingend die Ursache, sondern vielmehr als Risikofaktor zu sehen, welcher in Kombination mit anderen Faktoren wie Genetik und dem sozialen Umfeld als möglicher Auslöser für psychische Krankheiten verantwortlich ist (Adli & Etezadzadeh, 2020, S. 201–202).

Daher ist an dieser Stelle zu konstatieren, dass die Wirkungen von Lärm und Luftverschmutzung auf das kardio- bzw. zerebrovaskuläre System bisher wissenschaftlich umfassend untersucht wurden, während es bzgl. der psychischen Wirkungen dieser negativen Einflussfaktoren noch weiteren Forschungsbedarf gibt, um vergleichbar evidente Ergebnisse zu erlangen (Hahad, Omar et al., 2020, S. 1703).

Mit diesem Hintergrundwissen der zuvor aufgefächerten möglichen negativen gesundheitlichen Folgen des Stadtlebens ist es interessant, im Folgenden zu eruieren, ob und inwiefern die Integration von Grün in urbane Räume auch positive Wirkungen auf seine Bewohner entfalten kann.

- Stadtleben ist positiv wegen Angebotsvielfalt und guter Infrastruktur
- Stadtleben kann aber auch negative gesundheitliche Auswirkungen haben, z. B. durch Überhitzung, Lärm, Luftverschmutzung, Anonymität, Betriebsamkeit, Bebauungsdichte
- Durch den Klimawandel ergeben sich, auch in Städten, neue Herausforderungen und Probleme

Wirkungen von Natur auf den Menschen

Bevor man sich mit den Wirkungen von Natur auf die menschliche Wahrnehmung und Gesundheit beschäftigt, erscheint es sinnvoll, zunächst eine Einordnung des Begriffs „Natur" vorzunehmen: „Natur ist all das, was auch ohne den Menschen und sein Tun existieren würde" (Flade, 2018, S. 6).

Die natürliche Umwelt besteht demnach aus

1. unbelebten Komponenten, die nicht vom Menschen geschaffen wurden und (vermeintlich) nicht lebendig sind, wie z. B. Steine, Metall, Wasser, Luft, Atmosphäre, etc. sowie aus
2. belebten Komponenten, wie Menschen, Tieren, Bakterien, Pilzen, Einzellern (Späker, 2020, S. 10).

Unter Stadtnatur wird demzufolge die Gesamtheit vorhandener Naturelemente und Ökosysteme in urbanen Räumen verstanden. Dazu gehört sowohl die spontane, wilde Stadtnatur als auch die durch Menschen eingebrachten Bepflanzungen (Breuste, 2019, S. 7). Das interessante daran ist, dass die sich in diesem Zusammenhang entwickelnde urbane Biodiversität nicht vorgefunden, sondern von Menschen gestaltet wird (ebda., S. 223).

Stadtnatur kann sowohl privat (Eigenheimgärten, Fassadenbegrünung) als auch öffentlich sein (Parks, Wälder, Urban Gardening, Parkfriedhöfe, etc.).

Wie Natur wahrgenommen wird, hängt stark ab von gesellschaftlichen, sozialen, ökonomischen und kulturellen Gegebenheiten, aber auch von individuellen Erfahrungen. In Industrieländern wird Natur anders erlebt und der Natur wird eine andere Bedeutung zugeschrieben, als in Naturvölkern oder weniger industrialisierten Kulturen (Späker, 2020, S. 11). Neben der

P. Heise und S. Hallermayr, *Grüne Stadt – Gesunder Mensch,* essentials, https://doi.org/10.1007/978-3-662-65317-3_2

vorgenannten Wahrnehmungsdimension ist es im Folgenden zudem von Interesse, die Wirkungen von Natur auf das seelische und körperliche Befinden von Menschen kennenzulernen.

2.1   Gesundheitliche Wirkungen von Natur allgemein

2.1.1   Das Zusammenwirken von Mensch und Natur

Es sind verschiedene Triebkräfte, die ein neues Bewusstsein geschaffen haben in Bezug auf Naturbezug sowie die Wahrnehmung und Integration von Natur in den menschlichen Alltag, auch in den des Wohnumfeldes: ausgelöst durch eine wachsende Verstädterung mit baulicher Verdichtung und Versiegelung, zunehmende Berufstätigkeiten mit einem Mangel an körperlicher Bewegung, ein steigendes Gesundheitsbewusstsein mit dem Erkennen der eigenen Verantwortung für das physische und psychische Wohlergehen und auch ein sich ausweitendes Umwelt- und Nachhaltigkeitsbewusstsein entsteht zunehmend der Wunsch nach neuen Naturerfahrungen, auch im Alltag (Flade, 2018, S. V). Das Postulat einer Rückkehr zur Natur hat in dem Sinne eine neue Selbstverständlichkeit erhalten, als sich insbesondere Stadtbewohner einen vielfältigen Mehrwert von eben dieser Natur erhoffen: menschliche Begegnungen (soziale Interaktion z. B. durch gemeinschaftliche Erkundungen, Urban Gardening, Treffen und Austausch in der innerstädtischen Grünfläche), neue Naturerfahrungen (z. B. Waldbaden, Nebelwanderung), Bewegung und Ausgleich, eine Renaissance des bewussten Einsatzes der Sinne, angeleitetes Sammeln und späteres Verarbeiten von Kräutern, Pilzen, Blumen, Heilpflanzen oder auch der Anstoß zu kreativen Tätigkeiten, wie z. B. dem Malen in der Natur.

Vor diesem Hintergrund lässt sich an dieser Stelle konstatieren, dass Natur im Allgemeinen – selbstverständlich auch städtische Naturräume – insofern eine positive Wirkung auf Menschen entfalten, als sie beitragen können zu

1. psychischem Wohlbefinden, durch z. B. durch positive Emotionalität, Stress-reduktion, Achtsamkeitslenkung, sinnliches Erleben, Flow, digital detox
2. physischem Wohlbefinden, durch z. B. körperliche Aktivitäten, tiefe und ent-spannende Atmung, die Augen auf längere Distanzen richten, Reduktion der körperlichen Anspannung, reine Luft
3. sozialem Wohlbefinden durch z. B. gemeinschaftliche Aktivitäten, Zugehörig-keit zu einer Gruppe mit gleichen Interessen (Flade, 2018, S. 56).

Im nachfolgenden Kapitel wird dieses Wissen um den Aspekt der Inter-dependenzen von Natur und Gesundheit erweitert.

2.1.2 Natur und Gesundheit

Neben den bereits beschriebenen Wirkungen von Natur und Grün auf das menschliche Wohlbefinden ist auch von Relevanz, noch einmal gesondert auf den psychisch und physisch erholenden Faktor eines Aufenthaltes in der Natur hin-zuweisen. Insbesondere vor dem Hintergrund vielfältiger Anforderungsprofile im Alltag, wie z. B. Entgrenzung von Arbeit und Freizeit, Digitalisierung, Pflege von Angehörigen, Kindererziehung/home schooling und Bewegungs- sowie Kontaktmangel ist der Regenerationseffekt eines Aufenthaltes in der Natur nicht zu unterschätzen. Nachweislich können ein Naturbezug sowie ein regelmäßiger Aufenthalt in der Natur (alleine oder gemeinsam) zu mehr Gesundheit, Aus-geglichenheit und Resilienz führen. Darüber hinaus wird Natur gezielt eingesetzt in therapeutischen und pädagogischen Aufgabenbereichen und Settings, wie z. B. Natur- und Umweltpädagogik, Natursportpädagogik, Wildnispädagogik, tier-gestützte Behandlungsarten (Späker, 2020, S. 104).

Interessant ist zudem der Aspekt, dass die Integration von Natur in den All-tag respektive die Heranführung an Naturräume abhängig von der Lebensphase inhaltlich und motivational differiert: so unterscheidet sich der Wirkbereich der Natur in Bezug auf die Entwicklung und Gesundheit von

- **Kindern und Jugendlichen:** eher Identitätsthemen, Körperlichkeit, Abenteuer und Entdecken, Selbsterleben, Unbeaufsichtigtsein von dem der
- **Erwachsenen:** eher Gesundheitsförderung, Stressreduktion, Bewegung, Erhalt von Leistungsfähigkeit, Konzentration und Attraktivität, Sinnlichkeit, etc. und dem im
- **Seniorenalter:** Gesundheitsförderung, Erhalt von Beweglichkeit und kognitiver Fähigkeiten, Sturzprophylaxe, Förderung der Schlafqualität, gemeinschaftliches Erleben gegen Einsamkeit, Verringerung depressiver Verstimmungen, Ausleben von Interessen, für die zuvor keine Zeit war, etc. (Späker, 2020, S. 101–102).

Doch gibt es auch darüber hinaus gehende Aspekte, die den Gesundheitsbegriff in Bezug auf Natur erweitern? Indem der Blick z. B. auf Naturästhetik gelenkt wird, ist diese Frage klar mit ja zu beantworten, was im Folgenden aufgezeigt wird.

2.1.3 Naturästhetik

„Die Natur trägt wesentlich zur ästhetischen Aufwertung bei. Die Vielfalt der Natur, ihre Gerüche, Farben, Licht und Schattenspiel vermag unsere taktilen, visuellen, akustischen und olfaktorischen Sinne in einer umfassend synästhetischen Weise zu stimulieren, die uns gleichzeitig anregt und beruhigt" (Brichetti & Mechsner, 2019, S. 88).

Was Menschen jedoch als ästhetisch und schön wahrnehmen unterliegt keinem allgemein gültigen Wertekanon, sondern ist höchst subjektiv. Augenfällig wird dies besonders im Bereich des Denkmalschutzes, bei dem z. B. nicht durch jeden Menschen bestimmte Gebäude als schützens- und erhaltenswert erachtet werden. Wann und ob Menschen Dinge als schön und ästhetisch empfinden (auch naturbezogene Aspekte), hängt häufig davon ab, inwiefern und wie stark sich das Wahrgenommene vom Erwarteten unterscheidet und in welchem Maße das Gesehene die gekannte Routine in Stil, Aufbau und Ansicht zu unterbrechen vermag. Bereits 1971 formulierte Berlyne in seinem Werk *Aesthetics and psychobiology*, dass das Maß an wahrgenommener Ästhetik von verschiedenen Parametern abhänge, nämlich „Neuartigkeit, Inkongruenz, Komplexität, Unerwartetheit" (zitiert nach Flade, 2018, S. 46).

Führt man diese Gedanken weiter aus und argumentiert evolutionstheoretisch, wird deutlich, dass Menschen eine solche Umwelt instinktiv dann als positiv und auch ästhetisch bewerten, die ihnen die besten Lebens- und Überlebensbedingungen bieten. Und dazu gehören z. B. auch Stadtgrün und Baumbestand, bei deren Anblick sich Menschen sicher (frische Atemluft, Schatten, Blickfang) und beschützt (Regen) fühlen und zudem eine Orientierungshilfe (Sicherheit) erfahren. Eine Umwelt, die als schön und reizvoll (im wahrsten Wortsinn) wahrgenommen wird, löst in aller Regel positive Gefühle aus, an diese möchten sich Menschen annähern, in ihr verweilen und sie intensiver kennenlernen (Flade, 2018, S. 47). Wichtig dabei ist jedoch, dass die Natur eine kongruente „Architektur" und eine Struktur aufweist sowie lesbar und verständlich ist und dass sich Menschen nicht in ihr verirren. Denn das löste genau gegensätzliche, nämlich negative Emotionen des Verlorenseins und ggf. der Angst aus (Flade, 2018, S. 49). Inwiefern kann aber auch Stadtnatur, und nicht nur unberührte Natur im ländlichen Raum, positive Einflüsse auf das menschliche Wohlbefinden nehmen? Dieser Frage wird im folgenden Kapitel nachgegangen.

- Natur besteht aus belebten und unbelebte Komponenten
- Natur kann einen gesundheitlichen Mehrwert schaffen
- Natur trägt zu psychischem, physischem und sozialem Wohlbefinden bei
- Der Wirkbereich der Natur differiert in Abhängigkeit von Erfahrungen, Lebensphase und Alter
- Natur kann zu der ästhetischen Aufwertung einer Stadt beitragen

2.2 Gesundheitliche Wirkungen von Stadtnatur

Die dichte Besiedlung der Städte bietet den Bewohnern ein vielfältiges Angebot an Arbeit, Freizeit und guter Infrastruktur. Zusätzlich ermöglicht ein Leben in der Stadt auch ein ökologisch nachhaltigeres Leben, beispielsweise durch kurze Arbeitswege, die mit dem Rad oder zu Fuß bewältigt werden können. Doch der immer stärkere Zuzug der Menschen in die Stadt übt Druck auf die Städte und Kommunen aus, da zusätzliche Wohnflächen benötigt werden, die meistens nicht verfügbar sind. Oftmals müssen deshalb vorhandene Grün- und Freiflächen für die Entstehung von Wohnraum weichen. Insbesondere durch die dichte Bebauung wäre jedoch – entgegen dem beschriebenen Trend – die Schaffung von Grün- und Freiflächen erstrebenswert (Menke, 2020, S. 251–252).

Luftaufnahmen zeigen, dass sich Städte im Zentrum durch eine besonders dichte Bebauung von Gebäuden und Verkehrsflächen auszeichnen. Grün- und Freiflächen hingegen treten häufiger an den Stadträndern auf. Die Innenstädte weisen nur vereinzelt Begrünungen in Form von Dach- und Balkonbepflanzungen oder kleinen Begrünungen auf dem Stadtplatz auf. Jedoch sind auch diese ein wertvoller Beitrag zu einem grünen Stadtklima und steigern das Wohlbefinden der Menschen, die sich dort aufhalten (Menke, 2020, S. 251–253). „Und – Grün lohnt, weil es die Luftqualität verbessert, die Temperatur senkt, die Luftfeuchtigkeit erhöht, Lärm dämmt und vieles mehr leistet" (Menke, 2020, S. 255). Zu den positiven Effekten zählen darüber hinaus, dass Grün- und Freiräume den Bewohnern geeignete und ansprechende Orte für Erholung, Freizeitgestaltung und auch Bewegung bieten (Salomon et al., 2018, S. 249). Mit der Schaffung von Räumen der Erholung, die das Wohlbefinden und die Lebensqualität der Bevölkerung bei einer gleichzeitigen Senkung der Umweltrisiken steigern, kann letztendlich ein positiver Effekt für das Gesundheitssystem erzielt werden (Kümper-Schlake, 2016, S. 108). Das Bedürfnis nach Grün „hat auch mit dem Bedürfnis zu tun, sich jenseits von Hitze, Verkehr und Lärm der Stadt in den Schatten von Bäumen setzen zu können und einen spürbaren Ausgleich zum typischen urbanen Stress zu erleben" (Menke, 2020, S. 252).

2.2.1 Vielfalt möglicher Stadtbegrünung

Betrachtet man den Einsatz von Stadtnatur aus Sicht der Bewohner steigen die Ansprüche an die Lebensqualität und Freizeitgestaltung in der Stadt. Besonders gut erreichbare, zahlreiche und auch vielfältige Grün- und Freiflächen spielen dabei eine zentrale Rolle und werden als Orte der Erholung und Freizeitgestaltung angesehen (Ströher & Mues, 2016, S. 111). So wurde 2015 im Rahmen der Naturbewusstseinsstudie abgefragt, was die deutsche Bevölkerung mit dem Begriff Stadtnatur assoziiere. Demnach liegen Parks und öffentliche Grünflächen, die von 82 % der Befragten genannt wurden, vorne, gefolgt von Vegetation im Allgemeinen mit 65 % und Gewässern mit 43 % der Befragten, die diese Antworten gaben. Bei genauerem Nachfragen wurden vor allem Wiesen, Wälder und Alleen mit öffentlichen Grünräumen in Verbindung gebracht; Gewässer wurden mit Teichen, Seen, Tümpeln, aber auch Flüssen, Bächen und Brunnen assoziiert. 15 % der Befragten verstehen unter Stadtnatur auch die Begrünung von Gebäuden, etwa durch Terrassenbepflanzungen, begrünte Dachflächen und Hauswände oder bepflanzte Hinterhöfe (Bundesministerium für Umwelt et al., 2016, S. 43–44). Es gibt also zahlreiche Arten, Stadtflächen zu begrünen und den Bewohnern in ihren unterschiedlichen Lebensphasen einen wohnortnahen, kostenlos nutzbaren, grünen Freiraum zu schaffen: neben den bekannten, o. g. Formaten, wie begrünten und einladend gestalteten Spiel- und Sportbereichen (durchaus auch Mehrgenerationenspielplätze und Bewegungsparcours), Parkanlagen, Gärten und Stadtwäldern werden zunehmend auch neuere Stadtgrünformen realisiert, wie z. B. Urban Gardening, beim dem Positivität durch Interaktion und kreatives Schaffen erzeugt wird. Auch Dachgärten, Barfußpfade, Vertical Gardening oder Fassadenbegrünungen können das Stadtklima und das Wohlbefinden von Passanten und Bewohnern positiv beeinflussen. Dabei ist auch zu berücksichtigen, dass Stadtgrün (und selbstverständlich auch Stadtbunt und Stadtblau) nicht nur optisch positiv und erholungsfördernd wirkt, sondern auch akustisch: durch das Rauschen von Baumkronen oder den Vogelgesang können Menschen emotional positiv stimuliert werden. Ein Erfolgsfaktor bei allen Grünkonzepten ist dabei, dass sie von ihren Nutzern als kohärent wahrgenommen werden, ein Begriff der aus der Gesundheitsförderung bekannt ist. Als kohärent wahrgenommene Grünflächen gelten solche, bei denen die „Umgebung ein stimmiges Ganzes bildet" (Flade, 2018, S. 174). Interessant ist dabei die Beobachtung, dass größere Gärten als kohärenter wahrgenommen werden als kleinere und dass den größeren ein höheres Erholungspotenzial zugeschrieben wird (ebda., S. 176).

2.2.2 Effekte von Stadtnatur auf Umweltfaktoren

Neben den beschriebenen negativen gesundheitlichen Folgen eines Lebens in der Stadt hält eben dieses urbane Umfeld auch viele Ressourcen zur Förderung der Lebensqualität, Gesundheit und des Wohlbefindens bereit (Baumeister & Hornberg, 2016, S. 261). „Diese gesundheitserhaltenden und -fördernden Potenziale können die individuelle, aber auch die bevölkerungsbezogene Gesundheit stärken und stellen wichtige Widerstandsressourcen gegenüber gesundheitlichen Risiken und potenziellen Krankheiten dar" (Baumeister & Hornberg, 2016, S. 261). Grünräume (Stadtgrün) und Gewässer (Stadtblau) hängen häufig eng zusammen und werden als städtebauliche Elemente teilweise auch in Kombination eingesetzt. So erfährt Stadtnatur zunehmende Aufmerksamkeit in der Stadtplanung, um die gesundheitsförderliche Wirkung und die damit verbundene Steigerung der Lebensqualität im Alltag der Stadtbevölkerung gezielt einzusetzen (Claßen, 2018, S. 299). Im Folgenden wird gezeigt, inwiefern der Einsatz von Stadtnatur einen Einfluss auf die Umweltfaktoren im urbanen Raum haben kann. Anschließend wird darauf eingegangen, welche psychischen und physischen Folgen für die Stadtbevölkerung daraus entstehen.

Wie bereits erläutert wurde, ist die Luftschadstoffbelastung in Städten besonders hoch. Grünflächen im urbanen Raum können durch die Aufnahme von Schadstoffen dazu beitragen, die Luftschadstoffkonzentration zu vermindern (Pickford et al., 2020, S. 966) und die Aufwirbelung der Schadstoffe zu reduzieren. So kann beispielsweise die Konzentration von NO_2 und Feinstaub durch Bepflanzung erheblich gesenkt werden. Zusätzlich können Grünflächen die Entstehung von urbanen Hitzeinseln abschwächen, da sie sich im Gegensatz zum städtischen Umfeld weniger stark aufheizen bzw. sie nachts stärker abkühlen. Grünräume ab einer Fläche von einem Hektar produzieren dadurch Kaltluft, die anschließend in bebaute Gebiete fließen und dort den Hitzeinseleffekt abmildern kann (Rittel, 2014, S. 66). Zudem spenden Bäume Schatten und schwächen die Aufheizung von und Wärmespeicherung in versiegelten Flächen ab. Des Weiteren wird dank der Transpiration der Naturräume die Luftfeuchtigkeit erhöht, was ebenfalls einen kühlenden Effekt hat (Claßen, 2018, S. 301–302). Bäume und Grünflächen stellen somit Frisch- und Kaltluftentstehungsgebiete dar, die zur

Luftdurchmischung beitragen (Salomon et al., 2018, S. 249). Es ist wichtig, dass solche Gebiete frei von Bebauungen bleiben, um den gewünschten Effekt zu erzielen (Hachmann, 2020, S. 263).

Neben Grünflächen leisten auch Gewässer einen wichtigen Beitrag zur Gesundheitsförderung im urbanen Raum (Kistemann, 2018, S. 324). Das sogenannte Stadtblau kann stark regulierend auf klimawandelbedingte, urbane Umweltfaktoren wirken und deren Auswirkungen abmildern. Besonders im Zusammenhang mit der zunehmenden urbanen Hitze bieten Blauräume den Vorteil, dass sie weniger anfällig für eine Aufheizung sind und durch verdunstendes Wasser Kühlung bewirken. „Gewässerachsen bilden oft wichtige städtische radiale Frischluftschneisen, welche die städtische Überwärmung abmildern können" (Kistemann, 2018, S. 325). Dadurch kommt es zu einem höheren Luftaustausch in der Stadt, zu einer besseren Durchlüftung und einer verminderten Luftschadstoffkonzentration. Aber auch in kühlen Monaten haben Gewässer im urbanen Raum Vorteile: Aufgrund ihrer großen Speicherkapazität dienen sie als Wärmespender (Kistemann, 2018, S. 325).

Pflanzen und Wasser im urbanen Raum entwickeln dabei auch synergetische Effekte: So leisten Grünflächen einen wertvollen Beitrag zur Grundwasserneubildung, zur Regulierung des Wasserhaushaltes und zur Trinkwasserversorgung (Rittel, 2014, S. 67), denn sie bieten Raum, um hohe Niederschlagsmengen aufzunehmen und zu speichern. Die insbesondere bei Starkregenereignissen häufig überforderte Kanalisation wird damit entlastet, sodass Naturkatastrophen wie Überschwemmungen und deren gesundheitliche Folgen minimiert werden (Hachmann, 2020, S. 264). Durch die Aufnahme großer Niederschlagsmengen und das Versickern im Boden wird der Grundwasserhaushalt auf natürliche Weise mit gereinigtem Wasser aufgefüllt und so die Trinkwasserversorgung in Qualität und Quantität sichergestellt (Rittel, 2014, S. 67).

Ein weiterer positiver Effekt von Grünräumen ist die Minderung des wahrgenommenen Lärmpegels innerhalb der Stadt. Einen umfassenden Schallschutz bieten zwar lediglich große Wälder, aber auch kleinere Bepflanzungen mit Sträuchern und Bäumen wirken sich bereits positiv auf das Lärmempfinden aus. So kann beispielsweise die Lärmquelle verdeckt und somit als weniger störend empfunden werden (Rittel, 2014, S. 67). Die Stadtnatur bildet eine eigene Geräuschkulisse durch das Rauschen der Blätter oder das Zwitschern der Vögel und überdeckt somit den als unangenehm empfundenen städtischen Lärm (s. o., Claßen, 2018, S. 301). Auch Stadtblau bietet angenehme Hintergrundgeräusche, dient der Abschirmung von großen Lärmquellen.

2.2.3 Effekte von Stadtnatur auf Psyche und Körper

Neben den bereits gezeigten Effekten von Stadtnatur auf diverse Umweltfaktoren kann sich das Vorhandensein von Stadtnatur auch positiv auf die psychische und physische Verfassung der Stadtbevölkerung auswirken. Wohnortnahe urbane Grünflächen wirken als präventive Maßnahmen gegen Krankheiten. Besonders Wildwiesen und Biodiversität sind an solchen Orten von großem Vorteil (Michalsen, 2020, S. 17). So zeigen Studien, dass die Stimmung eines Menschen steigt und sich seine kognitive Leistung verbessert, wenn er sich in der Natur aufhält (Reese & Menzel, 2020, S. 69–70). Weitere positive Einflüsse von Grünräumen auf die Psyche bestehen in einer stressreduzierenden, beruhigenden und zur Steigerung des psychischen Wohlbefindens beitragenden Wirkung (Rittel, 2014, S. 23). „Dies kann sich positiv auf die kognitive und emotionale Entwicklung auswirken und verbessert Aufmerksamkeit, Konzentrationsfähigkeit und Arbeitsleistung" (Rittel, 2014, S. 23). So haben Francis und Kollegen in einer australischen Studie im Jahr 2012 gezeigt, dass sich gepflegte und attraktiv gestaltete Grünflächen in der Wohnumgebung positiv auf die Gesundheit auswirken. Dabei scheint es nicht von Bedeutung zu sein, ob die Bewohner die Fläche nutzen oder nicht, vielmehr geht es um das Vorhandensein und die Möglichkeit zur Nutzung (Francis et al., 2012, S. 1570). 2018 wurde im Rahmen einer Studie festgestellt, dass durch wohnortnahe Grünflächen die Zahl der Studienteilnehmer, die sich depressiv fühlten, signifikant um 41,5 % und die Zahl der Studienteilnehmer mit selbstberichteter schlechter psychischen Gesundheit um 62,8 % sinkt (South et al., 2018, S. 1).

Stadtnatur ist ein wichtiger Aspekt für das individuelle Wohlbefinden. Im Rahmen der Studie des Bundesministeriums für Umwelt wurde erfragt, welche Bedeutung Natur in der Stadt für die eigene Person hat. Als besonders wichtig sind die Aspekte „Lebensqualität", „Erholung und Entspannung" von jeweils 62 % und „Gesundheit" von 60 % der Befragten angegeben worden. An vierter Stelle gaben 46 % der Befragten „Bewegung und Sport" als Antwort an. Daraus lässt sich schlussfolgern, dass der Aufenthalt in und der Zugang zu Grün- und Freiräumen in Deutschland zu den relevanten Faktoren zählen, die Lebensqualität, Wohlbefinden, Erholung und Gesundheit bedingen (Bundesministerium für Umwelt et al., 2016, S. 54).

Auch Stadtblau wirkt stressreduzierend und beruhigend auf die Bewohner (Kistemann, 2018, S. 325). „Mit dem Geräusch bewegten Wassers assoziieren Menschen Frische, Reinheit und Beruhigung, auch wenn das Wasser gar nicht sichtbar ist" (Kistemann, 2018, S. 325). Das Blau der Naturräume kann sich dabei besonders positiv auf die Psyche und die Emotionen der Bewohner auswirken. Durch eine stressmildernde und stimmungsaufhellende Wirkung steigern sie das menschliche Wohlbefinden. Diese Wirkung wird besonders der Ästhetik und attraktiven Wirkung der Gewässer zugeschrieben (Kistemann, 2018, S. 327). „Urbane Blauräume wirken nicht nur – auf verschiedene Weise – gesundheitsschützend, sie bieten auch vielfältige Möglichkeiten für Entspannung, Stressreduktion, Erholung und Freizeit und damit zur Gesundheitsförderung in Wohnortnähe" (Kistemann, 2018, S. 328).

Eine kanadische Studie untersuchte in der Stadt Toronto den Zusammenhang zwischen der physischen Gesundheit und der Wohnumgebung. Die Ergebnisse zeigen, dass eine höhere Anzahl an Bäumen im Wohnumfeld mit dem Risiko, an kardiometabolischen Krankheiten zu erkranken, negativ korreliert (Kardan et al., 2015, S. 1). In einer britischen Studie wurden Geschlechterunterschiede in der Beziehung zwischen Grünflächen und Gesundheit untersucht. Die Ergebnisse zeigen, dass die durch Herz-Kreislauf-Erkrankungen und Atemwegserkrankungen verursachte Sterblichkeitsrate bei Männern mit zunehmender Grünfläche sinkt. Jedoch konnte dieser Zusammenhang bei Frauen nicht nachgewiesen werden. Dies könnte mit einer unterschiedlichen Wahrnehmung und Nutzung der urbanen Grünflächen durch Männer und Frauen erklärt werden (Richardson & Mitchell, 2010, S. 2).

Im Rahmen einer Metaanalyse wurde gezeigt, dass sich Grünflächen positiv auf die Gesundheit auswirken können. So sinkt beispielsweise das Risiko für Typ-2-Diabetes. Zudem wirken sich Grünflächen positiv auf Cortisolwerte im Speichel und das Herz-Kreislaufsystem aus (Twohig-Bennett & Jones, 2018, S. 628). Eine im Jahr 2009 in den Niederlanden durchgeführte Studie untersuchte den Zusammenhang zwischen ärztlich beurteilter Morbidität und Grünflächen in der direkten Wohnumgebung. Die Ergebnisse zeigen, dass bei 15 der 24 untersuchten Krankheiten eine Grünfläche im Radius von einem Kilometer um den Wohnort zu signifikant weniger Krankheitsfällen führt (Maas et al., 2009, S. 967). Zu diesen 15 Krankheiten zählen beispielsweise Depressionen, Angststörungen, Diabetes mellitus, akute Harnwegsinfekte, Atemwegsinfektionen, koronare Herzerkrankung und Migräne. Daraus lässt sich schließen, dass die Morbidität von psychischen, kardiovaskulären, metabolischen, neurologischen und respiratorischen Krankheiten durch mehr Grünflächen in der direkten Wohnumgebung gesenkt werden kann (Maas et al., 2009, S. 970–971).

Des Weiteren haben verschiedene Studien aufgezeigt, dass die Betrachtung von „Grün" und der Aufenthalt in Grünräumen eine stressreduzierende, entspannende, ausgleichende und beruhigende Wirkung haben (Rittel, 2014, S. 23). Diesen Umstand erklären Ward Thompson und Kollegen in ihrer Studie zum

Thema der Stressreduktion durch das Vorhandensein von Grünflächen. Demnach kann durch die Messung des Biomarkers Cortisol nachgewiesen werden, dass mehr Grünflächen in der Wohnumgebung das Stresslevel der Bewohner senken können (Ward Thompson et al., 2012, S. 221). Zusätzlich verglichen Lee und Maheswaran in ihrer Studie den selbstbeschriebenen Gesundheitszustand von Personen aus städtischen, ländlichen und städtisch-ländlichen Wohngegenden. Den Ergebnissen zufolge sind besonders Personen aus Wohngegenden mit grüner Umgebung stressresistenter und psychisch stabiler (Lee & Maheswaran, 2011, S. 212). Die Verbesserung der Arbeitsleistung und der kognitiven Aufmerksamkeit stellt einen weiteren positiven Effekt von Stadtnatur dar. Im Jahr 2003 wurde eine Studie zu diesem Thema mit 112 Studierenden durchgeführt. Demnach ist die Aufmerksamkeit der Studierenden, die einen Spaziergang in der Natur unternahmen, gestiegen, während die Aufmerksamkeit derer, die einen Spaziergang im urbanen Raum machten, im Vergleich sogar gesunken ist. Zudem sank der diastolische Blutdruck und das Stresslevel der ersten Gruppe (Hartig et al., 2003, S. 109).

In einer australischen Studie wurde untersucht, ob die gesamte Grünfläche oder bestimmte Arten von Grünflächen mit einer besseren psychischen Gesundheit assoziiert sind. Dazu wurden Erwachsene aus den australischen Städten Sydney, Wollongong und Newcastle befragt. Die Ergebnisse zeigen, dass sich insbesondere hohe Bäume mit intakten Baumkronen positiv auf die psychische Gesundheit auswirken. Die Studiendaten belegen, dass das Vorhandensein von mindestens 30 % Grün im Umkreis von 1,6 km mit deutlich geringerer Stressstärke und besserem Gesundheitsempfinden verbunden war. Da Baumkronen eine wesentliche Filterfunktion für Feinstaub haben, könnte hier auch die Luftqualität ein entscheidender Faktor für das bessere Gesundheitsempfinden gewesen sein (Astell-Burt & Feng, 2019, S. 1).

Bevor im Folgenden die theoretische Diskussion des Themenfeldes Stadtgrün und dessen Wirkung auf den Menschen anhand von Beispielen verdeutlicht wird, kann im Sinne eines Zwischenfazits an dieser Stelle konstatiert werden: den negativen Umweltfaktoren der Stadt stehen gesundheitsförderliche, salutogene Ressourcen des Stadtgrüns gegenüber, die das Wohlbefinden der Bewohner steigern und die negativen Wirkungen von Verdichtung und Versiegelung abmildern können (Gebhard, U., & Kistemann, T., Hrsg., 2016, S. 72). Insofern kann Stadtgrün einen wertvollen Beitrag zum Schutz der Gesundheit von Menschen in urbanen Lebenswelten leisten (Menke, 2020, S. 254). Denn ein wohnortnahes, attraktives und sicheres Stadtgrün, das mit wenig Aufwand und ohne Barrieren regelmäßig aufgesucht werden kann, regt Menschen dazu an, sich länger darin aufzuhalten, sich zu erholen und abzuschalten (im wahrsten

Wortsinn: offline sein), sich darin zu treffen oder sich zu bewegen. Die stadtent-
wicklungspolitische Voraussetzung dafür ist jedoch ein klares Bekenntnis zur
Errichtung, Pflege, Entwicklung und kontinuierlichen Ausweisung geschützter
und sicherer Grünflächen (Inhalte) sowie zur dauerhaften finanziellen und
personellen Absicherung derselben; auch unabhängig von kommunalpolitischen
Organisationsänderungen (Ordnungspolitik, finanzielle Ressourcen).

Im nachfolgenden Kapitel wird der Blick auf die Praxis gerichtet, um das bisher theoretisch Erläuterte an der Praxis zu verifizieren.

- Stadtnatur bezeichnet Naturelemente und Ökosysteme in urbanen
  Räumen
- Stadtnatur kann privat oder öffentlich sein
- Stadtgrün kann ein Gefühl vermitteln von Sicherheit, Schutz,
  Orientierung
- Stadtgrün trägt zu einem ausgeglichenen Stadtklima bei
- Stadtbegrünung ist vielfältig, z. B. Grünanlagen, Fassaden, Dach-
  flächen/-gärten, Urban Gardening
- Insbesondere wohnortnahe und sichere Grünflächen wirken präventiv
  gegen Krankheiten und Vereinsamung
- Kommunale Politik sollte ein klares Bekenntnis zum Stadtgrün abgeben
- Dauerhafte Mittelzuweisungen für Schaffung, Gestaltung und Pflege der
  Grünflächen sind erforderlich

2.3   Der Blick in die Praxis: Wege zu einer Grünen Stadt und inhärente Herausforderungen

In den folgenden Kapiteln werden Wege zu einer Grünen Stadt aufgezeigt.
Es werden im Anschluss aber auch mögliche Spannungslagen und Herausforderungen dargestellt und schließlich exemplarisch umgesetzte Stadtgrünprojekte vorgestellt. Die ausgewählten europaweiten Beispiele dienen dazu, die
theoretisch beschriebenen Interdependenzen zwischen Stadtnatur, resultierenden
Umweltfaktoren und der menschlichen Gesundheit im Kontext angewandter
Stadtentwicklungspolitik zu konturieren.

2.3.1   Welche Wege es zu einer Grünen Stadt gibt es?

Es ist nicht zu verallgemeinern, welche Wege zu einer Grünen Stadt beschritten werden müssen. Denn jede Kommune verfügt über unterschiedliche natürliche, personelle und finanzielle Ressourcen, aber auch über unterschiedlich durchsetzungsstarke politische Akteure, unterschiedliche Verwaltungsstrukturen, Flächenangebote und Bürger. Der allererste Schritt hin zu einer Grünen Stadt ist in jedem Fall die Erkenntnis der Relevanz von Stadtnatur sowie eine Bestandaufnahme der vorhandenen ökologischen Ressourcen. Die politische Aufmerksamkeit für die eigene Stadtnatur kann z. B. durch mediale Berichterstattung guter Beispiele erhöht werden, durch den Wettbewerb der Kommunen um Einwohner oder auch durch Förderprogramme, mit deren finanzieller Unterstützung erste Umsetzungsphasen ökologischer Projekte begonnen werden können (siehe Bundesministerium für Wirtschaft und Klimaschutz: Förderdatenbank). Aber auch die Erkenntnis, dass durch Stadtnatur Erosionen und/oder Überflutungen eingedämmt werden können, lässt die Aufmerksamkeit für das Thema Stadtnatur wachsen. Wichtig bei der Sensibilisierung für die Bedeutung von Stadtnatur ist zudem, die Bewohner in Überlegungen und Planungen, aber auch zur Pflege mit einzubinden, da kooperatives Vorgehen meist eine höhere Akzeptanz findet als dirigistische Maßnahmen. Strategisch ist es daher empfehlenswert, mit einem ersten Stadtnaturprojekt zu beginnen, die Bürger einzubinden und dadurch Aufmerksamkeit zu erzeugen und für das Thema zu interessieren (Breuste, 2019, S. 300–302). Die Grundvoraussetzung zur Stärkung des Stadtgrüns ist jedoch ein restriktiver Umgang bei der Ausweisung neuer Baugebiete und Infrastrukturflächen. So kann z. B. die bevorzugte Nachverdichtung vor Neuausweisungen von Bauland in der Peripherie diesem Problem begegnen. Dabei erweist sich die sogenannte „doppelte Innenentwicklung" als geeignetes stadtentwicklungspolitisches Instrument zur Bewahrung und Schaffung von Stadtnatur. Denn „doppelt" positiv ist eine solche Entwicklung insofern, als Verdichtung im Siedlungsbestand vor Neuausweisungen erfolgt und parallel dazu das vorhandene Stadtgrün aufgewertet und/oder erweitert wird. Voraussetzung dafür ist eine differenzierte Bestandsaufnahme vorhandener kommunaler Grünflächen mit Kartierung und Darlegung von Lage, Größe, Naturart, Ökosystemleistung, Qualifizierung (z. B. Ausstattung, Sauberkeit, Sicherheit, Vernetzung mit anderen Grünflächen) und Nutzungsarten bzw. -frequenz, um eine Argumentationsgrundlage und evidenzbasierte Planungsvoraussetzungen zu erhalten. Diese Informationen zum Ist-Zustand sollten permanent aktualisiert und auch öffentlich zugänglich gemacht werden. Mit diesen Orientierungswerten kann das Stadtgrün dort erhalten und/oder erweitert werden, wo es am sinnvollsten und von größtmöglichem Nutzen ist (Breuste, 2019, S. 315, 317).

Ein weiterer Schritt in Richtung Grüne Stadt ist darüber hinaus der Gedanke der Grüngerechtigkeit, die besagt, dass öffentliche Grünflächen allen Bewohnern einer Stadt barrierefrei und in naher Distanz zugänglich gemacht und ihnen einen gesundheitlichen oder sozialen Mehrwert bieten sollten (Breuste, 2019, S. 304, 311, 313).

Bei all dem Vorgenannten ist zu beachten, dass Kommunen, die sich auf den Weg zu einer Grünen Stadt machen wollen, dies nicht ohne Orientierungsrahmen beginnen müssen. Sie können sich vielmehr, im Sinne einer ersten Annäherung, an der „Charta Zukunft Stadt und Grün" aus dem Jahr 2014 orientieren. Hierin werden acht Wirkungs- und Handlungsfelder identifiziert, die dazu beitragen können, die positiven Wirkungen von Stadtgrün auf die Bewohner für alle Akteure und Interessengruppen erkennbar zu machen und die inhärenten Potenziale zu nutzen. Ausgearbeitet sind in der Charta Wirkungszusammenhänge von städtischem Grün auf das Leben in der Stadt, aber auch Postulate einer lebenswerten grünen Stadtplanung werden darin nachdrücklich formuliert:

1. Abmilderung der Folgen des Klimawandels
2. Förderung der Gesundheit
3. Sicherung sozialer Funktionen
4. Steigerung der Standortqualität
5. Schutz des Bodens, des Wassers und der Luft
6. Erhalt des Artenreichtums
7. Förderung von bau- und vegetationstechnischer Forschung
8. Schaffung gesetzlicher und fiskalischer Anreize (Bundesverband Garten-, Landschafts- und Sportplatzbau, 2014, S. 5).

Vor dem Hintergrund dieser umfänglich genannten Schritte hin zu einer Grünen Stadt muss im folgenden Kapitel – im Sinne einer kritischen Würdigung – der Frage nachgegangen werden, ob das Planen und Realisieren von Stadtgrünprojekten in einer Kommune ausschließlich harmonisch geschieht, oder ob es auch zu Friktionen kommen kann.

2.3.2 Interessenkonflikte und Herausforderungen beim Stadtgrün

Um es vorwegzunehmen: das Thema Stadtgrün ist kein Inhalt, der kommunalpolitisch ohne Spannungen und ausschließlich konfliktfrei diskutiert wird:

Nachverdichtungen und der damit einhergehende Rückgang von Grün- und Freiflächen sowie Biodiversität führen immer wieder zu Auseinandersetzungen. Auch die häufig als ungleich wahrgenommene Verteilung von Grünflächen auf das Stadtgebiet oder die Frage nach der dauerhaften Finanzierbarkeit von Gestaltung und Pflege dieser Räume sind immer wieder kontrovers diskutierte Fragestellungen. Dabei ist zu beachten, dass der Diskurs unterschiedlich geführt wird, je nachdem ob er in wachsenden oder schrumpfenden Kommunen stattfindet.

Ein ausgeprägtes Konfliktfeld ist der zunehmende Druck auf Städte und der damit wachsende Bedarf an Wohnraum, der hauptsächlich durch Neubauten gedeckt werden wird: „Bis 2030 dürften in den 14 deutschen Großstädten mit mindestens einer halben Million Einwohnern etwa 19 % aller Bundesbürger leben, bisher sind es 16 %" (BMUB, 2015, S. 69). Das Bundesinstitut für Bau-, Stadt- und Raumforschung (BBSR) ermittelte in diesem Zusammenhang einen deutschlandweiten jährlichen Bedarf von etwa 250.000 weiteren Wohnungen in naher Zukunft, die hauptsächlich in Großstädten nachgefragt werden. Durch diese Flächennutzungen im Rahmen von Nachverdichtungen werden innerstädtische Brachen und Grünflächen reduziert und die Vernetzung von Grünflächen unterbrochen. Zudem treten durch eine zunehmende Baugebietsausweisung in der Peripherie dieselben negativen Effekte auch am Stadtrand ein. Daraus ergeben sich zahlreiche und schwer lösbare Ziel- und Nutzungskonflikte der unterschiedlichen Interessengruppen in diesen verdichten urbanen Räumen. Um dem Ziel gerecht zu werden, Menschen Wohnraum und den Zuzug zu städtischem Leben und Arbeiten zu ermöglichen, ist darauf zu achten, den Wohnraumbestand aber auch Neubauten durch anspruchsvolle Grünflächen zu qualifizieren; auch im unmittelbaren, kleinteiligen Kontext eines Quartiers (BMUB, 2015, S. 68–70).

In Deutschland gelten ca. 9 % der Siedlungs- und Verkehrsfläche als Grün- und Erholungsflächen. Dabei ist der für die Einwohner nutzbare Anteil an Grünflächen in kleineren Kommunen (bis zu 71 m²) höher als in Großstädten (46 m²). Doch auch innerhalb von Städten ist eine nicht ausgeglichene Struktur der Verfügbarkeit von Grünflächen zu beobachten: Block- und Blockrandbebauung, benachteiligte Quartiere und auch Innenstadtbereiche weisen in aller Regel Gründefizite auf. Doch gerade ein durchgrüntes, attraktives und bewegungs- und begegnungsförderndes Wohnumfeld ist für solche Menschen von essentieller Bedeutung, deren Mobilität durch einen geringen Aktionsradius eingeschränkt ist. Dies sind v. a. ältere Bewohner und Menschen in sozial benachteiligten Quartieren: „Die Verschärfung der sozio-ökonomischen Unterschiede und des demographischen Wandels spiegelt sich somit auch in der Verteilung des Stadtgrüns wider" (BMUB, 2015, S. 70).

Hinzu kommt die nicht immer optimale Verteilung von Grünflächen innerhalb des Stadtgebietes. Die Europäische Umweltagentur empfiehlt, dass jede Grünfläche in einer Stadt mit einer Distanz von maximal 300 m erreicht werden sollte. In Großstädten wird dieses Ziel jedoch häufig verfehlt. Interessant ist aber auch die Tatsache, dass sogar die Einwohner kleinerer Großstädte oder in Städten ab 20.000 häufig längere Wege zu „ihren" Grünflächen haben. In diesen Stadtgrößen hilft jedoch der größere Teil an privaten Hausgärten, dieses Defizit zu überbrücken und das Fehlen von nahem öffentlichem Grün, zumindest teilweise, zu kompensieren. Dessen ungeachtet sollte jedoch nie außer Acht gelassen werden, dass es den meisten Bürgern ein Anliegen ist, in die Gestaltung von Grünflächen in ihrem Quartier oder in ihrer Stadt, im Rahmen eines partizipativen Stadtentwicklungsansatzes, eingebunden zu werden. Dies führt zu einem stadtplanerisch hoch komplexen Prozess, in dem zunehmend eine mündige, gestaltende und anschließend die Grünflächen gemeinschaftlich nutzende Community (z. B. beim Urban Gardening) aktiv wird (BMUB, 2015, S. 71).

Diese vorgenannten Interessen- und Nutzergruppen verfolgen jedoch nicht ausschließlich homogene Ziele bei der Planung der Grünflächen und dem späteren Aufenthalt in ihnen. So sind Konflikte vorprogrammiert, wenn, besonders in größeren Grünanlagen, die klassischen Bedürfnisse Ruhe, Stille, Erholung kontrastiert werden durch (laute) Gemeinschaft, spielen, Sport treiben, aber auch durch freilaufende Hunde. Diese Antagonismen können nur durch partizipative Planungsprozesse reduziert werden (BMUB, 2015, S. 72).

Abschließend darf nicht das Spannungsfeld übersehen werden, dass sehr viele kommunale Haushalte finanzielle Kürzungen in den Sozial-, Kultur- und Grünetats vorgenommen haben, und das auch schon vor der Covid-19-Pandemie. Dadurch werden die personellen und gestalterischen Spielräume weiter verengt, bis hin zu sehr stark eingeschränkten Möglichkeiten der Gestaltung und Pflege von Stadtgrün. Vor diesem Hintergrund sind innovative Pflegekonzepte zu entwickeln, um dauerhaft qualitativ hochwertige, gut erreichbare und gesundheitsförderlich wirkende Grünflächen sicherzustellen, z. B. durch Kooperation von Kommunen mit Wirtschaftsunternehmen (Sponsoring oder Public-Private-Partnership) oder durch Patenschaften der Bürger zur Ausweitung und Pflege von Grünflächen sowie zur nachbarschaftlichen Interaktion (BMUB, 2015, S. 95).

Nach der theoretischen Annäherung an das Thema Stadtgrün ist es im Folgenden interessant, konkrete Umsetzungsbeispiele kennenzulernen.

Etappen auf dem Weg zu einer Grünen Stadt:

- Ausdrückliche politische Willensbekundung mit personellen und finanziellen Konsequenzen
- Bestandsaufnahme der ökologischen Ressourcen
- Mediale Berichterstattung über realisierte Stadtnaturprojekte
- Partizipation der Bürger
- Schaffung wohnortnaher Grünbereiche
- Vermeidung von Interessenkonflikten der Nutzer
- ggf. kultur- und religionssensible Naturprojekte

2.3.3   Umsetzungsbeispiele Stadtnaturkonzepte

Die niederländische Stadt **Venlo** hat sich für das Prinzip der Kreislaufwirtschaft „Cradle to Cradle" entschieden: https://c2cvenlo.nl/de/homepage/. So ist das Gebäude der Stadtverwaltung auf rund 2.000 m^2 begrünt. Dabei tragen die Grünfassade und der Dachgarten unter anderem zur Reinigung der Luft und zur Regulation der Temperatur bei. Doch auch das Innere des Gebäudes bietet durch den Einsatz von Holz und begrünten Wänden eine natürliche Umgebung mit einem angenehmen und gesunden Raumklima (GRÜNSTATTGRAU Forschungs- und Innovations-GmbH, S. 13).

Auch in europäischen Metropolen wie **London, Paris, Düsseldorf** und **Wien** tragen begrünte Fassaden zu einem gesunden Stadtklima bei. Das Londoner Hotel „The Rubens at the Palace" bietet mit 350 m^2 Grünfassade Schutz vor Überflutungen: https://rubenshotel.com/about/sustainability. In dem stark versiegelten Stadtviertel können Starkregenereignisse zu Überflutungen und einer Überlastung der Kanalisation führen. Hier bietet die Grünfassade einen umfangreichen Wasserspeicher mit einem Fassungsvermögen von 10.000 Litern. Des Weiteren bietet das Grün im Sommer eine angenehme Kühlung für das Gebäude und trägt maßgeblich zur Verbesserung der Luftqualität bei. Bei der Auswahl der Pflanzen wurde darauf geachtet, keine exotischen Gewächse zu verwenden und so gleichzeitig eine geeignete Nahrungsquelle für Bienen und Insekten zu schaffen (GRÜNSTATTGRAU Forschungs- und Innovations-GmbH, S. 16–17).

In Paris steht das Wohnhaus **„Tower Flower"**, dessen Außenfassade mit Bambus begrünt wurde: https://www.edouardfrancois.com/projects/tower-flower. In Blumentöpfen wurden die Gewächse an Balkonen und der Fassade integriert und bieten natürliche Kühlung, Schatten und eine Oase der Ruhe mitten in der Stadt (GRÜNSTATTGRAU Forschungs- und Innovations-GmbH, S. 20).

Auch in die Fassade des Wiener Hotels „**The Harmonie Vienna**" wurde eine Bepflanzung integriert, die nicht nur zur Steigerung des Wohlbefindens der Anwohner beiträgt, sondern besonders an heißen Tagen eine angenehme Kühlung bewirkt (GRÜNSTATTGRAU Forschungs- und Innovations-GmbH, S. 35): https://www.harmonie-vienna.at/was-wir-bieten/nachhaltigkeit-hotel-wien/. Doch eine Grünfassade kann nicht nur zur Kühlung, Isolierung und verbesserten Luftqualität beitragen, sondern auch den Lärm der Stadt absorbieren.

Ein weiteres Beispiel findet sich außerdem in der **Glogauer Straße** in Berlin: https://www.ak-berlin.de/baukultur/tag-der-architektur/archiv-programme/tda/wohnhaus-mit-begruenter-fassade.html. Die bepflanzte Fassade des Wohnhauses hilft, die Lärmbelästigungen durch den Verkehr und die angrenzenden Straßen abzumildern. Die Balkone vom ersten bis vierten Stock sind direkt in die grüne Fassade integriert und bieten den Bewohnern eine grüne Idylle inmitten der Stadt. Durch die Entscheidung für winterfeste Pflanzen bietet die „Living Wall" auch in den kalten Monaten eine grüne Oase (GRÜNSTATTGRAU Forschungs- und Innovations-GmbH, S. 41).

Die Stadt Düsseldorf bietet derzeit die größte Grünfassade Europas – die Fassade des „**Kö-Bogen II**": https://www.ingenhovenarchitects.com/projekte/weitere-projekte/koe-bogen-ii-duesseldorf/description. Insgesamt ist das Haus durch eine acht Kilometer lange Hainbuchenhecke begrünt, die sich sowohl über das Dach als auch über zwei Seitenwände erstreckt. Düsseldorf bietet damit ein Musterbeispiel für Stadtgrün, während in vielen anderen Städten Deutschland Projekte nur zögerlich umgesetzt werden. Denn die Vorteile einer Grünfassade sind immens: Neben der optischen Attraktivität bieten sie besonders in den stark versiegelten Städten eine grüne Lunge als Mittel im Kampf gegen den Klimawandel. Schon die Begrünung von fünf Prozent aller Gebäudeoberflächen würde einen erheblichen Beitrag zum Stadtklima leisten und somit zur Gesundheit der Bürger. Durch das Speichern von überschüssigem Wasser im Fassadengrün können starke Temperatur- und Feuchtigkeitsschwankungen minimiert werden. Zudem trägt das Verdunsten des gespeicherten Wassers zu einer höheren Luftfeuchtigkeit und damit zur Kühlung bei hohen Temperaturen bei (Matzig, 2020).

Neben vertikalen Begrünungsmaßnahmen bieten Städte auch diverse andere Grün- und Freiflächen, die teilweise renaturiert oder neu angelegt wurden. Die **Kölner Poller Wiesen** bieten der Stadtbevölkerung einen grünen Erholungsort: https://koeln.mitvergnuegen.com/tipps/entlang-der-pollerwiesen-spazieren/. Die weitläufigen Grünflächen erstrecken sich zwischen der Severinsbrücke und der Rodenkirchener Brücke (KölnTourismus GmbH, 2021). Die Wiesen bieten den

Kölnern einen geeigneten Ort, um der Hektik der Stadt zu entfliehen. Sie entstanden beim Versuch, den natürlichen Lauf des Rheins wiederherzustellen. Dafür wurden Wiesen angelegt und mit „Poller Köpfe" (Stein und Geröll) Dämme errichtet, um das Ufer vor Hochwasser zu schützen. Später wurde der Boden planiert. Heute bietet das Naturerholungsareal einen urbanen Grünraum, der viel Platz für verschiedene Freizeitaktivitäten bietet – ein Stückchen Stadtnatur, das Stadtblau und Stadtgrün auf natürliche Weise verbindet (Cityinfo-koeln.de, 2021).

In der **Paderborner Innenstadt** bieten die sechs Quellarme der Pader eine Kombination aus Stadtblau und -grün und damit Raum für Erholung vom Trubel der Stadt (Gewässer in Paderborn, 2021): www.paderborner-land.de/deu/entdecken/standorte/paderquellen.php. Im Quellgebiet der Pader entstand der erste deutsche Stadtwanderweg „PaderWanderung". So kann auch das innerstädtische Leben Raum für Natur und Erholung bieten (Touristikzentrale Paderborner Land e. V., 2021). Um das Angebot an Stadtnatur weiter zu verbessern, bietet es sich an, die Uferlandschaft den typischen, heimischen Gewächsen zu überlassen und das Gebiet zu entsiegeln (Gewässer in Paderborn, 2021).

Ebenfalls als Grüne Stadt präsentiert sich **Frankfurt** am Main: www.frankfurt-greencity.de. Mit vielen Projekten versucht die Stadt, auf die Folgen des Klimawandels zu reagieren und so die Gesundheit, die Lebensqualität und das Wohlbefinden der Bürger in den Mittelpunkt zu stellen (Frankfurt Umweltamt, 2021). Mit der Renaturierung und Aufwertung der Grünflächen wurden viele der Parkanlagen in Frankfurt attraktiver gestaltet. So konnte beispielsweise der ursprüngliche Zugang zum Rothschildpark wieder freigelegt werden und eine neue Grünfläche von 5000 m^2 geschaffen werden. Weite Wiesen, verschlungene Wege, Bäume und Sträucher laden zu einem erholsamen Aufenthalt ein. Im Hafenpark an der Mainuferpromenade finden sich neben verschiedenen Sportmöglichkeiten auch Wiesenflächen, Bänke und kleine Mauern für eine Auszeit. Der „Ort zum Sein" bietet „überall im Park Gelegenheit, sich auszuruhen, zu picknicken, Freunde zu treffen und den urbanen, rauen Charme des Areals, dicht am Osthafen und umgeben von mehreren Brücken, zu genießen" (FRANKFURT. DE – DAS OFFIZIELLE STADTPORTAL, 2021b). Ein weiteres Beispiel für Stadtnatur in Frankfurt bietet der alte Flugplatz. Nach der Entsiegelung im Jahr 2003 ist es nun ein grüner Ort zum Durchatmen und Erholen vom urbanen Stress. Im westlichen Teil ist inzwischen ein kleiner Wald entstanden, der bewusst nicht durch menschliche Planung, sondern durch den natürlichen Pollenflug entstanden ist. So haben sich vor allem Birken, Pappeln und Weiden angesiedelt. Heute bietet der alte Flugplatz ein urbanes Naturerlebnis (FRANKFURT.DE – DAS OFFIZIELLE STADTPORTAL, 2021b). Doch die Bankenmetropole ist auch durch die Folgen der versiegelten Innenstadt geprägt (FRANKFURT.DE – DAS

OFFIZIELLE STADTPORTAL, 2021a). Um dieses Problem wissenschaftlich fundiert angehen zu können, hat die Stadt Frankfurt am Main Ende 2007 eine Kooperation mit dem Deutschen Wetterdienst gestartet. Ziel des gemeinsamen Projektes war es, die zukünftige städtische Wärmebelastung zu berechnen und so frühzeitig auf deren Folgen reagieren zu können. 2011 wurden die Ergebnisse präsentiert: Bis 2050 wird eine Zunahme der prognostizierten jährlichen Hitzetage um bis zu 30 Tagen erwartet. Derzeit wird pro Sommer mit rund 40 Hitzetagen gerechnet (Deutscher Wetterdienst, 2021).

Anders als in den Städten Köln und Frankfurt am Main, in denen Stadtblau durch große Flüsse bereits auf natürliche Weise vorhanden ist, kann es auch künstlich geschaffen werden. So bietet das urbane Gewässer am **Potsdamer Platz** in Berlin viele Vorteile für ein gesundes Stadtklima: https://www.stadtentwicklung.berlin.de/bauen/oekologisches_bauen/de/modellvorhaben/kuras/download/potsdamerpatz.pdf. Neben dem Schutz vor Überschwemmungen durch die Einspeicherung von überschüssigem Regenwasser fördert die Wasserfläche einen Temperaturausgleich und erhöht zudem die Luftfeuchtigkeit. Außerdem wird die Entwicklung von Staub reduziert, da dieser vom Wasser gebunden wird. Insgesamt wirkt sich dadurch die Wasserfläche positiv auf das Mikroklima der Platzsituation aus (SPREE-ATHEN, 2012).

Die Europäische Kommission möchte mit der Auszeichnung der „**Green Capital City**" Städte auf ihrem Weg zur Nachhaltigkeit und Verbesserung des Stadtklimas begleiten und unterstützen: https://ec.europa.eu/environment/europeangreencapital/. Die Auszeichnung soll Ansporn für Städte sein, die nachhaltige Entwicklung im urbanen Raum voranzutreiben. So wurde im Jahr 2012 Vitoria-Gasteiz im spanischen Baskenland für seine Natur in der Stadt ausgezeichnet. Der Aufbau der Stadt besteht aus konzentrischen Kreisen. Dabei ist die Innenstadt durch einen „Grünen Gürtel" umgeben. Weiter außen folgt ein weiterer Kreis, der durch Wälder und Berge geprägt ist. Auch innerhalb der Stadt finden sich viele Grünflächen, die es der Bevölkerung ermöglichen, in weniger als 300 m Entfernung jeweils einen grünen Ort zu erreichen (*European Green Capital*, 2021).

Im Jahr 2016 wurde die slowenische Hauptstadt Ljubljana als „Green Capital City" ausgezeichnet: https://ec.europa.eu/environment/europeangreencapital/winning-cities/2016-ljubljana/. Die Stadt punktete sowohl durch einen Verkehrswandel weg von einer durch Autos dominierten Innenstadt hin zu mehr öffentlichem Nahverkehr, Fahrradwegen und Fußgängerzonen, als auch durch eine hohe Dichte an Grünflächen. Insgesamt bestehen drei Viertel der Stadt aus Grünflächen (*European Green Capital*, 2021). Diese haben bei der Balkan-Hochwasserkrise im Jahr 2014 bereits ihre Wirkung als Wasserspeicher unter Beweis stellen können. Außerdem wurden neue Parks in der Stadt angelegt, um CO_2 zu binden, und das Ufer des Flusses Sava revitalisiert. Der größte dieser Stadtparks ist der Weg der Erinnerungen und der Kameradschaft. Er ist mit 7000 Bäumen die längste baumgesäumte Allee der Stadt (*European Green Capital*, 2021).

Im darauffolgenden Jahr schaffte es eine deutsche Stadt, die Auszeichnung für sich zu gewinnen. Mit rund 580.000 Einwohnern ist Essen die neuntgrößte Stadt Deutschlands und geht im Bereich Nachhaltigkeit und grüne Stadtplanung mit gutem Beispiel voran. Innerhalb der Stadt wurde sowohl Stadtgrün als auch -blau etabliert, in grüne Infrastruktur investiert und eine Sanierung bestehender Grünflächen vorgenommen (*European Green Capital*, 2021): https://www.essen. de/dasiststessen/international/internationale_projekte/european_green_capital_. de.html.

Im Jahr 2019 wurde Norwegens Hauptstadt Oslo zur „Green Capital City" gekürt: https://ec.europa.eu/environment/europeangreencapital/winning-cities/ 2019-oslo/. Die Stadt wird umrandet von der Marka, einem weitläufigen Waldgebiet, und dem Oslo-Fjord. Beide Gebiete sind durch Wasserwege verbunden. Oslos Ziel ist es, das Wasserstraßennetz zu restaurieren, ohne die Kanäle dabei zu versiegeln. Vielmehr soll das vorhandene Stadtblau den Bürgern zugänglich gemacht werden und das Regenwassermanagement in das Stadtblau integriert werden. Neben der Verbesserung der Stadtnatur setzt Oslo zudem auf eine klimaneutrale Zukunft. Durch autofreie Zonen, eine Förderung des emissionsfreien Verkehrs und der Verbesserung von Rad- und Fußgängerwegen wird nicht nur das Klimaziel verfolgt, sondern auch die Luft- und Lärmbelastung innerhalb der Stadt gesenkt und somit die Gesundheit der Bürger geschützt (*European Green Capital*, 2021).

Autofreie Zonen finden sich mittlerweile in vielen europäischen Städten. Die auf diese Weise frei gewordenen Straßen werden für neue Grün- und Freiflächen genutzt. Die positiven Effekte durch weniger Verkehr und mehr Grün machen sich im Gefühl der Lebensqualität bemerkbar (Menke, 2020, S. 255).

Dass dabei die Initiative für nachhaltige, klimaneutrale und grüne urbane Räume nicht immer von der Politik ausgehen muss, sondern auch gesellschaftliche Initiativen eine wichtige Rolle spielen, wenn es um die Planung und Umsetzung von und das Bewusstsein für Stadtgrün geht, zeigt sich beispielsweise an der Stiftung DIE GRÜNE STADT: www.die-gruene-stadt.de. Sie ist ein Zusammenschluss mehrerer Organisationen, die sich für die Etablierung von mehr Grün in den Städten einsetzen. Die Stiftung setzt sich dafür ein, dass ein ausgewogenes Verhältnis von Verkehr, Kultur, Ökonomie und Stadtnatur geschaffen wird. Vom Stadtpark bis hin zum Straßenbegleitgrün soll mehr

Bewusstsein bei Bürgern und Entscheidungsträgern geschaffen werden. „Denn nur das richtige Grün am richtigen Ort kann eine positive und nachhaltige Wirkung entfalten" (Stiftung DIE GRÜNE STADT, 2021).

Betrachtet man die umgesetzten Stadtgrünprojekte, so kann man auf einer Metaebene zusammenfassen, dass für den Erfolg und die Akzeptanz sämtlicher Stadtgrünflächen u. a. folgende Parameter ausschlaggebend sind:

- Gute Erreichbarkeit, möglichst ohne Nutzung eines Pkw, Orientierungswert:
- 5 Min. Fußweg
- disperse räumliche Verteilung über das gesamte Stadtgebiet
- Vernetzung der Grün- und Freiflächen durch Wegeverbindungen: Menschen können durch ihre Stadt mäandern
- Möglichkeiten der Kommunikation und Interkation: reden, spielen, Freizeitgestaltung, Sport treiben gegen Vereinsamung in Städten
- Gewährung von Sicherheit: keine Angsträume, Beleuchtung, Minimierung des Verletzungsrisikos
- ästhetisches, zeitgemäßes und vielfältiges Gestaltungsbild (Claßen, 2018, S. 306–307)
- Berücksichtigung der kulturellen Vielfalt der Bewohner bei der Ausgestaltung
- Bürgerbeteiligung bei der Planung
- Schaffung auch von „essbaren (Duft-) Gärten" im Sinne des Urban Gardenings
- Integration von Naturbesuchen und-pflege auch in schulische Projekte.

Eine Merkmalsübersicht der genannten Beispiele ist in der nachfolgenden Tab. 2.1 dargestellt:

2.3.4   Analyse der umgesetzten Stadtnaturkonzepte

„Stadtgrün gilt heutzutage aufgrund der vielfältigen gesundheitsschützenden und gesundheitsförderlichen Wirkungen als wichtige Gesundheitsdeterminante und als wesentlicher Baustein der Daseinsvorsorge im urbanen Raum" (Claßen, 2018, S. 308). Konnte diese Annahme durch die aufgeführten Beispiele belegt werden? Ja! Denn es wurde deutlich aufgezeigt, dass z. B. durch die vielfältigen Beispiele für Dach- und Fassadenbegrünung der Weg, das Stadtbild grün zu gestalten, eine Vielzahl an Vorteilen bietet. Die Pflanzen können die Arbeit von mehreren ausgewachsenen Bäumen übernehmen und dadurch einen erheblichen Beitrag zur Luftqualität leisten. Zudem dienen sie der Lärmminderung und dem Schutz vor Überschwemmungen bei Starkregenereignissen. Sie unterstützen

Tab. 2.1 Merkmalsübersicht Stadtgrün anhand ausgesuchter Beispiele

	Dach- und Fassadenbegrünung	Parks, Grün- und Freiflächen	Gewässer	Projekte/Auszeichnungen
Lärmregulation	Glogauer Straße Berlin			Oslo
Verbesserung der Luftqualität	Venlo, The Rubens at the Palace		Potsdamer Platz Berlin	Ljubljana Oslo
Temperaturregulation	Venlo		Potsdamer Platz Berlin	DWD/ Frankfurt
Erhöhung der Luftfeuchtigkeit	Kö-Bogen II		Potsdamer Platz Berlin	
Kühlungseffekte/Kaltluftentstehung	The Rubens at the Palace, The Harmonie Vienna, St. Anna Kinderspital, Kö-Bogen II, Tower Flower		Potsdamer Platz Berlin	DWD/ Frankfurt
Schutz vor Starkregenereignissen	The Rubens at the Palace, Kö-Bogen II	Poller Wiesen Köln	Potsdamer Platz Berlin	Ljubljana, Oslo
Wohlbefinden/ Lebensqualität	The Harmonie Vienna, Glogauer Straße Berlin, Kö-Bogen II	Rothschildpark, Hafenpark, Poller Wiesen Köln	Quellgebiet Pader, Potsdamer Platz Berlin	Oslo Stiftung DIE GRÜNE STADT
Urbane Wildnis/ Entstehung von Grünflächen		Rotschildpark, alter Flugplatz	Quellgebiet Pader	Vitoria-Gasteiz, Ljubljana, Essen
Entsiegelung		Alter Flugplatz	Quellgebiet Pader, Ljubljana Fluss Sava	Oslo
Verbindung Stadtblau und -grün		Hafenpark		Essen Oslo

(Fortsetzung)

Tab. 2.1 (Fortsetzung)

	Dach- und Fassadenbegrünung	Parks, Grün- und Freiflächen	Gewässer	Projekte/Aus- zeichnungen
Autofreie Zonen				Ljubljana, Oslo
Bewusstseins- schaffung und Engagement für Stadtnatur				Stiftung DIE GRÜNE STADT

ein ausgewogenes Mikroklima und tragen zu einer Temperaturregulation und Kühlung der Außenluft bei. Des Weiteren bieten die Begrünungsmaßnahmen den Vorteil, dass sie bei Neubauprojekten direkt mit eingeplant und so die eventuell für den Neubau aufgegebenen Grünflächen kompensiert werden können. Jedoch birgt diese städtebauliche Maßnahme auch die Gefahr, für „Greenwashing" missbraucht zu werden (Matzig, 2020). Greenwashing beschreibt Unternehmen und Institutionen, die sich im Rahmen ihrer Marketingaktivitäten als nachhaltiges und umweltfreundliches Unternehmen ausgeben, ihren Kunden allerdings keine volle Transparenz über ihr Vorgehen gewähren. Somit ist häufig nicht nachvollziehbar, wie nachhaltig das Unternehmen wirklich ist (Umweltmission, o. J.). Durch das „grüne Kleid" eines Gebäudes kann der Eindruck entstehen, dass das Gebäude ganzheitlich nachhaltig gebaut wurde, obwohl beispielsweise bei der Gestaltung der Innenräume nur wenig auf nachhaltiges Bauen geachtet wurde. Ein weiterer kritischer Aspekt ist die Auswahl der Gewächse, mit denen die Fassade begrünt wird. Die Verwendung von exotischen Pflanzen stellt die Nachhaltigkeit des Vorgehens infrage, da diese Vegetation nicht dazu geeignet ist, der heimischen Fauna einen Lebensraum zu bieten. Das Beispiel des „Flower Tower" in Paris zeigt, dass bei der Wahl der Pflanzen nicht immer auf die Regionalität und Biodiversität geachtet wird. Dabei würde sich eine höhere Biodiversität im direkten Wohnumfeld durch ein Zusammenspiel zwischen heimischer Fauna und Fassadenbegrünung lohnen, da so das Risiko gesenkt wird, an Allergien zu erkranken (Hanski et al., 2012, S. 1). Die Auswahl der richtigen Bepflanzung kann somit einen Beitrag für die Gesundheit der Anwohner leisten, wenn – wie beim „The Rubens at the Palace" in London – primär regionale Pflanzen ausgewählt werden. Insgesamt sind Dach- und Fassadenbegrünungen jedoch ein Schritt in die richtige Richtung und tragen durch ihre vielen gesundheitsförderlichen Effekte, wie etwa durch die Verbesserung der Stimmung und kognitiven

Leistung (Reese & Menzel, 2020, S. 69–70) sowie durch eine verminderte Herz-schlagrate (Pretty et al., 2010, S. 1162–1164), zu einem gesunden Ort zum Leben und Wohlfühlen bei. Denn in den immer enger werdenden Städten sind Frei-flächen häufig Mangelware, und es fehlt somit an Orten, um dem urbanen Stress zu entfliehen. Die Integration von Grün in Gebäudefassaden ist also nicht nur platzsparend, sondern schafft Platz zum Aufatmen mitten im für die Bewohner oft anstrengenden Stadtleben.

Die Renaturalisierung stellt eine Möglichkeit dar, die in Städten knappen Grünflächen wieder aufzuwerten und attraktiver zu gestalten. Es gilt, diese Flächen zu schützen, um deren Vorteile für das städtische Leben zu erhalten. An diesen Orten können durch das Zusammenspiel von Bäumen, Sträuchern und Wildwiesen ein erheblicher Mehrwert für die Gesundheit der Städter erzielt werden. So werden unter anderem die Stressstärke (Astell-Burt & Feng, 2019, 1), die Entwicklung von Allergien (Hanski et al., 2012, S. 1) und der Blutdruck gesenkt (Claßen, 2018, S. 302). Nicht nur die ansprechende Geräuschkulisse der Stadtnatur, sondern auch die Verdeckung von Lärmquellen, die Verbesserung der Luftqualität, der natürliche Wasserspeicher und der Beitrag zur Temperatur-regulation wirken sich positiv auf das Wohlbefinden der Menschen und die Lebensqualität innerhalb der Stadt aus. Wie das Beispiel des alten Flugplatzes in Frankfurt zeigt, können brachliegende Freiflächen in Orte des Wohlbefindens umgewandelt werden. Durch das Anlegen von Grünflächen, Spielplätzen, Wegen und Bänken bietet der alte Flugplatz viele Beschäftigungsmöglichkeiten für die Freizeit. Und auch die Biodiversität profitiert von diesem Konzept, indem ein Fleck urbane Wildnis in der Stadt entsteht.

Oslo und Ljubljana zeigen, dass durch Umfunktionierung neue Freiflächen entstehen können. Autofreie Zonen ermöglichen den Menschen, sich frei und entspannt zu bewegen. Sitzgelegenheiten, grüne Inseln sowie Fuß- und Radwege laden die Bewohner zum Verweilen ein und schaffen im Trubel der Stadt eine entspannte Wohlfühlatmosphäre. Die Entsiegelung der Flächen ermöglicht natür-liche Wasserspeicher bei Starkregenereignissen und bietet so Schutz vor mög-lichen Überschwemmungen. Dennoch gilt es auch hier, nicht nur die vorhandenen Grünflächen zu schützen, sondern vielmehr die durch Wohnraum beanspruchten Grünflächen wiederherzustellen. Der Beitrag zur Senkung der Belastung des Gesundheitssystems, den Grünflächen in direkter Wohnortnähe leisten können, ist groß (Kümper-Schlake, 2016, S. 108). So wird beispielsweise das Auftreten von Angststörungen, Diabetes mellitus, Atemwegsinfektionen und Migräne nachweis-lich reduziert (Maas et al., 2009, S. 970–971). Eine größere Zahl solcher Orte in der Stadt bringt den Bewohnern auch einen achtsameren Umgang mit der Umwelt und Natur näher.

Neben Grünräumen bieten auch Blauräume viele Vorteile für Wohlbefinden, Lebensqualität und Gesundheit der Bürger. Die allgemeine Assoziation mit Frische, Reinheit und Beruhigung sind ein wirksamer Gegenpol zum urbanen Stress. Durch ihre stressmildernde und stimmungsaufhellende Wirkung können sie einen positiven Beitrag leisten. Hierbei sind nicht nur natürliche, sondern auch angelegte Blauräume hilfreich. Gewässer können besonders durch ihre Größe in den warmen Monaten einen Kühlungseffekt erzeugen und in den kalten Monaten als Wärmespender dienen. Wie das Quellgebiet der Pader zeigt, kann es sich anbieten, Stadtwanderwege zu kreieren, um so Freizeitaktivitäten in der Natur ohne große Anfahrt zu ermöglichen. Dabei gilt es jedoch, das Naturgebiet zu schützen, um die gesundheitsförderliche Wirkung dieser Fläche weiterhin aufrecht zu erhalten und durch Wanderwege nicht zu zerstören.

Die Kombination aus Blau- und Grünräumen vereint die positiven Wirkungen beider Elemente und schafft synergetische Effekte. Beide können als städtebauliche Elemente eingesetzt werden und so einen Beitrag zur Lebensqualität der Stadt leisten. Das natürliche Vorkommen beider Räume in Kombination sollte einerseits durch nachhaltige Pflege und aktiven Schutz attraktiv gehalten und der Bevölkerung zugänglich gemacht werden. Andererseits kann es auch ratsam sein, gerade diese Naturräume der Natur zu überlassen und urbane Wildnis entstehen zu lassen.

Die Wertschätzung der Naturräume muss dabei den Bürgern nähergebracht werden, um die Orte vor Müll, Verschmutzung und Zerstörung zu bewahren. Wenn die Orte in direkter Nähe zum Wohnumfeld liegen, könnte das Interesse der Bürger daran, diese Orte attraktiv zu gestalten und die gesundheitsförderliche Wirkung aufrecht zu erhalten, wachsen. Dabei ist es wichtig, sich für Ideen und Inspirationen der Bürger zu öffnen, diese in Planungen miteinzubeziehen und Gestaltungsräume zu eröffnen. Das Gefühl, integriert zu sein und ein Recht auf Mitsprache zu haben, könnte den achtsameren Umgang mit den Orten der Stadtnatur fördern.

Kooperationen wie zwischen dem Deutschen Wetterdienst und der Stadt Frankfurt am Main zur Ortung von möglichen Hitzeinseln (Deutscher Wetterdienst, 2021) sollten noch mehr in den Fokus gerückt werden. Eine Zusammenarbeit verschiedener Instanzen kann den Weitblick fördern und einen positiven Beitrag für die Zukunft der Stadt leisten. So können Kompetenzen und Stärken vereint werden, um dem gemeinsamen Ziel einer gesünderen, nachhaltigeren und lebenswerteren Stadt Stück für Stück näherzukommen.

Die Auszeichnung der „Green Capital City" durch die Europäische Kommission generiert Aufmerksamkeit für Städte, die sich bereits stark für ein nachhaltiges und grünes Lebensumfeld einsetzen und mit innovativen Projekten ein Zeichen für lebenswerte Städte setzen. Diese Städte haben Vorbildcharakter und können Entscheidungsträger in anderen Städten dazu animieren, sich für Veränderung in ihrer Stadt einzusetzen. Ein solcher Ansporn kann die geeignete Förderung sein, um den Fokus der Städte und der Politik neu zu setzen und Gesundheit, Wohlbefinden, Umwelt und Nachhaltigkeit ins Zentrum der Handlungen zu stellen.

Auch gesellschaftliche Akteure und Institutionen wie die Stiftung DIE GRÜNE STADT können dabei eine wichtige Rolle spielen und Vorbildcharakter einnehmen. Die Mitwirkung verschiedenster Organisationen, Vereine und Instanzen schafft eine große Reichweite, die schlussendlich Einfluss auf Entscheidungsträger und damit Auswirkungen auf das Bild einer Stadt haben kann. Die Arbeit solcher Organisationen sollte stärker ins Licht der Öffentlichkeit gerückt werden, um mehr Aufmerksamkeit auf sich zu ziehen und dem Ziel einer grünen und gesunden Stadt näher zu kommen.

Zusammenfassung und Ausblick 3

Ein urbanes Lebensumfeld beeinflusst auf vielfältige Arten das menschliche Wohlbefinden, die Lebensqualität und die Gesundheit der in ihm lebenden Menschen. Es gibt zahlreiche negative Einflussfaktoren, die gesundheitsschädlich sein können, wie z. B. die Wirkungen von Versiegelung und Verdichtung auf Stadtklima, Luftqualität, Akustik, Temperatur und Wetter. Die sich daraus potenziell ergebenen negativen gesundheitlichen Auswirkungen erstrecken sich sowohl auf psychische als auch auf physische Folgewirkungen und Erkrankungen. In vielen Fällen wird dies durch die Umweltfaktoren, wie etwa Extremwetterereignisse, Luftverschmutzung oder Lärmbelastung, innerhalb der Stadt gefördert. Die dichte und versiegelte Bebauung im urbanen Raum führt zu einem Mangel an Kaltluftschneisen und damit zu Überwärmung und Entstehung von Hitzeinseln. Der menschliche Körper ist an diese Temperaturschwankungen nicht gewöhnt und wird dadurch stark belastet. Ähnlich äußert sich dies bei Belastungen durch Luftschadstoffe. Besonders Atemwegsorgane und das kardiovaskuläre System werden dadurch negativ beeinflusst und das Risiko verschiedener Krankheiten steigt. Lärm hingegen belastet primär die Psyche und den Schlafrhythmus und kann in der Folge zu Depressionen und Angststörungen führen.

Demgegenüber steht die Erkenntnis, dass durchgrünte, bewegungs- und begegnungsfreundliche Städte über eine hohe Lebensqualität verfügen und sogar geeignet sind, ihren Bewohnern durch gezielt platzierte und sinnvoll gestaltete Naturräume salutogentisch wertvolle Ressourcen bereitzustellen. Zu diesen gesundheitsfördernden Elementen gehört z. B. das Stadtgrün, das durch innerstädtische Wälder, Parkanlagen, Spiel- und Sportflächen sowie Grünzüge gekennzeichnet ist. Diese können das Stadtklima durch ihre Funktion als Frischluftschneisen verbessern. Zudem kann ein Aufenthalt in den Grünflächen

P. Heise und S. Hallermayr, *Grüne Stadt – Gesunder Mensch*, essentials, https://doi.org/10.1007/978-3-662-65317-3_3

Menschen positiv emotionalisieren und zu Begegnungen mit anderen Bewohnern der Stadt oder auch zu gesundheitsförderlicher Bewegung anregen. Ein grünes Stadtbild vermag zahlreiche negative Wirkungen von Siedlungsräumen mit den inhärenten Umwelteinflüssen einzudämmen und dadurch einen wertvollen Beitrag für die Gesundheit und das Wohlbefinden der Bürger zu leisten. Und: durchgrünte Städte haben einen Wettbewerbsvorteil und können insofern signifikant zur kommunalen Wertschöpfung beitragen, als sie attraktiv sind für Bewohner, Unternehmen und auch für Touristen. Grünflächen in direkter Wohnumgebung wirken sich positiv auf die Psyche, das Herz-Kreislauf-System und die Atemwegsorgane aus. Sie tragen zu einer Minderung und Verdeckung von Lärmquellen bei. Außerdem produzieren Grünflächen Kaltluft, wirken temperaturregulierend, heizen tagsüber weniger stark auf als versiegelte Flächen und bieten Schutz bei Starkregenereignissen, da sie als Wasserspeicher fungieren. Psychische, kardiovaskuläre, metabolische, neurologische und respiratorische Krankheitsinzidenzen werden gesenkt. Sie fördern Ruhe und Erholung und steigern gleichzeitig die Leistungsfähigkeit. Auch Blauräume in Wohnortnähe wirken gesundheitsfördernd, stressmildernd und stimmungsaufhellend, denn sie steigern das menschliche Wohnbefinden. Auch sie bilden Frischluftschneisen und schaffen einen Kühlungseffekt gegen die urbane Hitze.

Es gibt zahlreiche, sehr verschiedene Anknüpfungspunkte, die auf dem Weg in Richtung Grüne Stadt eine Rolle spielen, denn jede Kommune hat eine spezielle politische Ausrichtung und verfügt über eine unterschiedliche und daher schwer zu vergleichende personelle, finanzielle und naturraumbezogene Ausstattung. Wichtig ist im Sinne einer Stadtentwicklung, die den Menschen und die Naturräume in den Fokus rückt, dass gleichermaßen bei Politikern, Unternehmen und Bürgern das Bewusstsein für die Relevanz der Stadtnatur und ein Umsetzungswille wächst. Dieser Aspekt, dass es verschiedene Interessengruppen gibt, deutet darauf hin, wie wichtig partizipative Stadtentwicklungsprozesse sind; auch und gerade in Bezug auf Grünraumplanung und -pflege. Doch bei diesen Planungsprozessen hat nach wie vor die Politik insofern den größten Hebel, als sie für eine gewissenhaft geprüfte Ausweisung von Bauflächen verantwortlich ist (Innenentwicklung vor Neuausweisung in der Peripherie). Und v. a. sind Kommunen auch dafür verantwortlich, wie viele Mittel für welche Projekte zur Verfügung gestellt oder wofür Fördermittel beantragt werden. Kommunen verleihen dem jeweiligen Stadtentwicklungsthema durch die Höhe der Mittelzuweisung Bedeutung und ermöglichen dadurch (oder auch nicht) die Umsetzung gewünschter Handlungsfelder. Verschiedene Beispiele in Europa zeigen, wie Stadtnatur in das Stadtbild integriert und damit ein gesundheitsförderlicher Beitrag geleistet werden kann. Von Dach- und Fassadenbegrünungen über Renaturierung von Parks und

Gewässern bis hin zu neu angelegten Grünflächen und urbaner Wildnis zeigen einige Städte Europas Vorbildcharakter auf dem Weg zur grünen Stadt. Allerdings sollte hierbei darauf geachtet werden, dass die Nachhaltigkeit der Stadt nicht an einem einzelnen Faktor festgemacht und kein „Greenwashing" betrieben wird. Zugleich sollte Schutz und dauerhafte Pflege der Grünflächen nicht aus dem Fokus geraten, wenn versucht wird, diese Gebiete den Bürger einfach zugänglich zu machen. Denn eine gesundheitsförderliche und das Wohlbefinden steigernde Wirkung stellt sich nicht durch verwahrloste, öde oder verschmutzte Grünflächen ein. Sondern durch ein grünes Stadtbild, das mit stadthygienisch sinnvoll umgesetzten Maßnahmen zur Frischluftzufuhr und Luftreinigung einen erheblichen Beitrag leistet zur Gesundheit der Bürger und zur Steigerung der Lebensqualität in ihrer Stadt.

Weniger Luftverschmutzung und Lärmbelastung, mehr Schutz vor den Folgen des Klimawandels und insbesondere mehr Raum für Erholung und Ruhe vom urbanen Stress können so erreicht werden. Für das Ziel, die Belastungen des Stadtlebens zu minimieren und zugleich die Stadtnatur als Quelle für Gesundheit, Wohlbefinden, Klimaschutz und Lebensqualität zu fördern und auszubauen, ist die breitgefächerte Zusammenarbeit verschiedener Branchen notwendig, da die Kombination vieler verschiedener Komponenten und Maßnahmen den größten Erfolg verspricht (Claßen, 2018, S. 309). Um den Lebensraum Stadt zukünftig noch gesundheitsförderlicher zu gestalten, gilt es, weitere sichere, leicht erreichbare und barrierefreie Grün-, Begegnungs- und Bewegungsflächen in das Stadtbild zu integrieren. Dennoch liegen die Handlungsfelder der Zukunft nicht ausschließlich in der Integration von Stadtnatur. Vielmehr gilt es, eine Stadt zu entwickeln, die Gesundheit, Lebensqualität, Umweltbewusstsein, Nachhaltigkeit, Ganzheitlichkeit und Wohlbefinden ausstrahlt und dadurch einen holistisch gesundheitsförderlichen Lebensstil in ihr ermöglicht.

Durch die theoretische Durchdringung des Themas Natur in Wechselwirkung mit der Gesundheit von Stadtbewohnern sowie die Vorstellung geeigneter Beispiele konnte gezeigt werden, dass das Konzept einer grünen Stadtentwicklung ein geeigneter Weg ist, um die Gesundheit der Stadtbevölkerung zu verbessern. Die Begrünung von Dächern und Fassaden, das Anlegen von Parks und urbaner Wildnis sowie vorhandenes und künstliches Stadtblau bieten viele Möglichkeiten, um Städte nachträglich naturnah zu gestalten. Doch nicht nur im Nachgang sollten Städte grün gestaltet werden – gerade bei Neubauten ist es wichtig, die beschriebenen Elemente weitreichend einzusetzen, um die Nachverdichtung der Städte angemessen mit Naturräumen zu kompensieren.

Dieses Ziel kann nur erreicht werden, indem gemeinsam Ziele formuliert und diese Schritt für Schritt umgesetzt werden. Denn die Ansprüche an Ausgestaltung, Lage und Nutzungsmöglichkeiten von städtischen Grünflächen sind in hohem Maße heterogen: unterschiedliche Alters- und/oder Nutzergruppen haben sehr unterschiedliche Wunsch- und Bedürfniskorridore in Bezug auf „ihre" öffentlichen Grünflächen. Hier muss eine integrative und partizipative Stadt- und Freiraumplanung vermittelnd agieren. Sie kann dadurch versuchen, divergierenden Ansprüchen gerecht zu werden; auch durch eine zielgerichtete und sich an Bedürfnisveränderungen anpassende Gestaltung von Grünflächen. Dabei sollte nicht ausschließlich die Politik Treiber einer grünen Stadtentwicklung sein, sondern vielmehr alle Beteiligten und Interessierten zu Wort kommen können. Insbesondere Bürger, die direkt von den städtebaulichen Entscheidungen und Maßnahmen betroffen sind, sollten ihre Bedürfnisse und eigenen Ideen einbringen können. Kommunale Arbeit bietet verschiedene Methoden, um die gemeinsame Arbeit partizipativ zu strukturieren. Aber auch innovative Ansätze sollten entwickelt und zugelassen werden, z. B. indem Investitionsanreize für ein privatwirtschaftliches Engagement in die Entwicklung von Stadtgrün gesetzt werden (Bundesverband Garten-, Landschafts- und Sportplatzbau e. V., 2014, S. 13). Darüber hinaus ist es unverzichtbar, sowohl interkommunal und auch international zu kooperieren. Denn durch einen Wissens- und Erfahrungsaustausch können Erfolge und Herausforderungen geteilt und gemeinsam an innovativen Ansätzen gearbeitet werden. Dazu gehören auch weitere Forschungsaktivitäten als Basis, „um das künftige Handeln in Bezug auf bau- und vegetationstechnische Fragen zu Grünflächen am Bedarf heutiger und kommender Generationen auszurichten sowie daraus eine zukunftsorientierte Standortpolitik abzuleiten" (Bundesverband Garten-, Landschafts- und Sportplatzbau e. V., 2014, S. 12).

Nicht alle Einflussfaktoren auf ein auf Salutogenese ausgerichtetes Stadtentwicklungskonzept konnten aufgrund des thematischen Fokus' im Rahmen der vorliegenden Ausarbeitung betrachtet werden. Vor diesem Hintergrund ist es wichtig, weiterführende Aspekte in zukünftigen Studien zu berücksichtigen. Zu diesen ergänzenden Gesichtspunkten zählen u. a. nachhaltige Mobilität (Ausbau von Fuß- und Radwegnetzen sowie ÖPNV), soziale Aspekte (altersgerechte Infrastruktur gegen soziale Isolation), ökologische Strukturen (ressourcenschonendes Bauen, Kreislaufwirtschaft), lokale Ernährung und Abfallwirtschaft (Umweltbundesamt, 2021, S. 57); alles selbstverständlich auch ökonomisch nachhaltig durchdacht.

Abschließend bleibt kurz und prägnant festzuhalten, dass bei aller Komplexität der Wirkgeflechte zwischen Stadtnatur und menschlicher Gesundheit auf einen Blick deutlich wird, dass ein grünes Stadtbild mit ökologisch und ästhetisch wertvoll gestalteten Freiflächen zur Gesundheit der Bürger beiträgt und eine

Atmosphäre des Wohlbefindens und der gesteigerten Lebensqualität schafft. Daher ist es wichtig, sich um ein grünes Stadtbild nach den Grundsätzen der Natur zu bemühen, denn wie Sebastian Kneipp erkannte: *„Die Natur ist die beste Apotheke"* (Kneipp 1821–1897, zitiert aus https://www.zitate.eu/autor/sebastian-kneipp-zitate/64033).

Was Sie aus diesem *essential* mitnehmen können

- Stadtleben geht mit einer Vielzahl an positiven und negativen gesundheitlichen Wirkungen einher
- Das Konzept der Grünen Stadt wirkt sich positiv auf das Wohlbefinden aus
- Kommunalpolitisch sind verschiedene Aspekte zum Erreichen einer Grünen Stadt zu beachten
- Das Thema Stadtgrün polarisiert: es gibt auch Interessenkonflikte zu lösen
- Es gibt in Deutschland und Europa bereits vielfältige Umsetzungsbeispiele zum Thema Stadtgrün
- Eine Handreichung der zukünftigen Handlungsfelder für die Schaffung einer gesundheitsförderlichen, lebenswerten und durchgrünten Stadt

Literatur

Beiträge

Adli, M., & Etezadzadeh, C. (2020). Interview: Stress and the City – Welche Auswirkungen hat das Stadtleben auf unsere Psyche? In C. Etezadzadeh (Hrsg.), *Smart City – Made in Germany* (S. 201–207). Springer Fachmedien Wiesbaden. https://doi.org/10.1007/978-3-658-27232-6_22.

Claßen, T. (2018). Urbane Grün- und Freiräume – Ressourcen einer gesundheitsförderlichen Stadtentwicklung. In S. Baumgart, H. Köckler, A. Ritzinger, & A. Rüdiger (Hrsg.), *Forschungsberichte der ARL: Bd. 08. Planung für gesundheitsfördernde Städte* (Bd. 8, S. 297–313). Akademie für Raumforschung und Landesplanung Leibniz-Forum für Raumwissenschaften. https://www.ssoar.info/ssoar/bitstream/document/59584/1/ssoar-2018-claen-Urbane_Grun_und_Freiraume_-.pdf.

Hachmann, R. (2020). Kommunales Grünflächenmanagement – Ein wichtiger Beitrag auf dem Weg zur Smart City. In C. Etezadzadeh (Hrsg.), *Smart City – Made in Germany* (S. 259–267). Springer Fachmedien Wiesbaden. https://doi.org/10.1007/978-3-658-27232-6_30.

Menke, P. (2020). Integrierte Stadtentwicklung braucht lebendiges Grün. In C. Etezadzadeh (Hrsg.), *Smart City – Made in Germany* (S. 251–256). Springer Fachmedien Wiesbaden. https://doi.org/10.1007/978-3-658-27232-6_28.

Militzer, K. & Kistemann, T. Gesundheitliche Belastungen durch Extremwetterereignisse. In R. Weisse (Hrsg.), *Warnsignal Klima: Extremereignisse* (S. 298–306). https://www.klima-warnsignale.uni-hamburg.de/wp-content/uploads/pdf/de/extremereignisse/warnsignal_klima-extremereignisse-kapitel-7_6.pdf.

Monografien und Sammelwerke

Brecht, B. (1965). *Prosa: Me-ti. Buch der Wendungen. Fragment* (110. Aufl., Bd. 5). Suhrkamp. https://opacplus.bsb-muenchen.de/search?id=13890098&View=default&db=100.

Breuste, J. (2019). *Die grüne Stadt. Stadtnatur als Ideal, Leistungsträger und Konzept für Stadtgestaltung*. Springer Nature.

Brichetti, K., & Mechsner, F. (2019). *Heilsame Architektur. Raumqualitäten erleben, verstehen und entwerfen*. Transcript. https://doi.org/10.14361/9783839445037-006.

Bundesministerium für Umwelt, Naturschutz, Bau und Reaktorsicherheit, BMUB. (Hrsg.). (2015). *Grün in der Stadt –Für eine lebenswerte Zukunft*. Grünbuch Stadtgrün.

Flade, A. (2018). *Zurück zur Natur? Erkenntnisse und Konzepte der Naturpsychologie*. Springer Fachmedien Wiesbaden.

Gebhard, U., & Kistemann T. (Hrsg.). (2016). *Landschaft, Identität und Gesundheit. Zum Konzept der Therapeutischen Landschaften*. Springer Fachmedien Wiesbaden.

Kistemann, T. (2018). *Gesundheitliche Bedeutung blauer Stadtstrukturen. Forschungsberichte der ARL: Bd. 8*. Akademie für Raumforschung und Landesplanung.

Rathmann, J. (2020). *Therapeutische Landschaften. Landschaft und Gesundheit in interdisziplinärer Perspektive*. Springer Nature.

Rittel, K. (2014). *Grün, natürlich, gesund: Die Potenziale multifunktionaler städtischer Räume: Ergebnisse des gleichnamigen F+E-Vorhabens (FKZ 3511820800). BfN-Skripten: Bd. 371*. Bundesamt für Naturschutz. https://www.bfn.de/fileadmin/BfN/service/Dokumente/skripten/Skript371.pdf.

Späker, T. (2020). *Natur-Entwicklung und Gesundheit. Handbuch für Naturerfahrungen in pädagogischen und therapeutischen Handlungsfeldern*. Schneider Verlag Hohengehren.

Internetdokumente

Bund Naturschutz in Bayern: Spitzer, Manfred. (2019). DER POSITIVE EINFLUSS VON STADTNATUR AUF UNSERE GESUNDHEIT. Übersicht wissenschaftlicher Untersuchungen https://www.bund-naturschutz.de/fileadmin/Bilder_und_Dokumente/Themen/Natur_und_Landschaft/Stadt/Stadtb%C3%A4ume/Sonstiges/BN-Informiert_Einfluss_von_Stadtnatur_auf_unsere_Gesundheit.pdf.

Bundesverband Garten-, Landschafts- und Sportplatzbau e. V. (BGL, 2014). CHARTA ZUKUNFT STADT UND GRÜN. https://cdn.dosb.de/alter_Datenbestand/fm-dosb/arbeitsfelder/wiss-ges/Dateien/2012/140108_Charta-Zukunft-Stadt-und-Gruen.pdf.

Cityinfo-koeln.de. (Hrsg.). (14. Mai 2021). *Poller Wiesen*. https://www.cityinfo-koeln.de/php/poller_wiesen,2921,25169.html.

Climate Transparency. (2019). Brown to Green: The G20 transition towards a net-zero emissions economy, Climate Transparency. Berlin. https://www.climate-transparency.org/wp-content/uploads/2019/11/Brown-to-Green-Report-2019.pdf.

Deutscher Wetterdienst. (Hrsg.). (20. Mai 2021). *Wetter und Klima – Deutscher Wetterdienst – Stadtklima Frankfurt*. https://www.dwd.de/DE/klimaumwelt/klimaforschung/klimawirk/stadtpl/stadtklimaprojekte/projekt_frankfurt/stadtpl_ffm_node.html.

European Green Capital. (15. Januar 2021). https://ec.europa.eu/environment/europeangreencapital/winning-cities/.

Frankfurt Umweltamt. (20. Mai 2021). *Anpassungsstrategie Klimawandel: Stadt Frankfurt a. M. | Dezernat Umwelt und Gesundheit | Umweltamt*. https://www.frankfurt-greencity.de/de/berichte-uebersicht/status-trends-2016/klima-freiflaechen/anpassungsstrategie-klimawandel/.

FRANKFURT.DE – DAS OFFIZIELLE STADTPORTAL. (20. Mai 2021a). *Frische Luft für Frankfurt a. M. | Stadt Frankfurt a. M.* https://frankfurt.de/themen/klima-und-energie/stadtklima/frische-luft.

FRANKFURT.DE – DAS OFFIZIELLE STADTPORTAL. (20. Mai 2021b). *Parks in Frankfurt a. M.* https://frankfurt.de/themen/umwelt-und-gruen/orte/parks.

Gewässer in Paderborn. (14. Mai 2021). *Das Paderquellgebiet.* https://www.paderborn.de/microsite/gewaesser/baeche_und_fluesse/paderquellgebiet.php.

KölnTourismus GmbH. (14. Mai 2021). *Poller Wiesen in Köln.* https://www.koelntourismus.de/sehen-erleben/poi/poller-wiesen/.

LifeVERDE. (7. April 2021). *Stadtgestaltung – Was macht eine Stadt lebenswert und nachhaltig.* https://www.lifeverde.de/nachhaltigkeitsmagazin/politik-wissenschaft-kultur/stadtgestaltung-was-macht-eine-stadt-lebenswert-und-nachhaltig.

SPREE-ATHEN. (2012). *Das Urbane Gewässer am Potsdamer Platz.* https://michaelzoll.wordpress.com/2012/03/18/das-urbane-gewasser-am-potsdamer-platz/.

Statista. (2019). Extremwetter ist schon heute eine Gefahr. https://de.statista.com/infografik/19922/todesfaelle-durch-extremwetter-in-den-g20-staaten/.

Statista. (2020). Megacities. https://de.statista.com/statistik/studie/id/56358/dokument/megacities/.

Stiftung DIE GRÜNE STADT. (2009). Gesundes Grün. Die Wirkung von Pflanzen auf unser Wohlbefinden. https://www.die-gruene-stadt.de/gesundes-gruen.pdfx.

Stiftung DIE GRÜNE STADT. (9. Februar 2021). *Die Stiftung – DIE GRÜNE STADT.* https://www.die-gruene-stadt.de/die-stiftung.aspx.

Touristikzentrale Paderborner Land e. V. (Hrsg.). (14. Mai 2021). *Pader und Paderquellen.* https://www.paderborner-land.de/deu/entdecken/standorte/paderquellen.php.

Umweltbundesamt. (2020). *Indikator: Belastung der Bevölkerung durch Verkehrslärm.* https://www.umweltbundesamt.de/daten/umweltindikatoren/indikator-belastung-der-bevoelkerung-durch#die-wichtigsten-fakten.

Umweltbundesamt. (2021a). Lärmbilanz 2020. Analyse der Lärmminderungsplanung in Deutschland. https://www.umweltbundesamt.de/sites/default/files/medien/479/publikationen/texte_135-2021a_laermbilanz_2020.pdf.

Umweltbundesamt. (2021b). Stadtplanung und Stadtentwicklung als Hebel für den Ressourcen- und Klimaschutz. https://www.umweltbundesamt.de/sites/default/files/medien/1410/publikationen/211123_uba_fb_stadtplanung-stadtentwicklung_dt_bf.pdf.

Umweltbundesamt. (18. März 2021). *Umweltbewusstsein und Umweltverhalten.* https://www.umweltbundesamt.de/daten/private-haushalte-konsum/umweltbewusstsein-umweltverhalten/#klimabewusster-konsum.

Umweltbundesamt. (2021). Stadtplanung und Stadtentwicklung als Hebel für den Ressourcen- und Klimaschutz. https://www.umweltbundesamt.de/sites/default/files/medien/1410/publikationen/211123_uba_fb_stadtplanung-stadtentwicklung_dt_bf.pdf.

Umweltmission. (o. J.). *Was ist Greenwashing? Definition und Beispiele.* https://umweltmission.de/wissen/greenwashing/#Greenwashing_statt_Nachhaltigkeit.

WHO. (8. März 2021a). *Gesundheit als Menschenrecht.* Weltgesundheitsorganisation. https://www.euro.who.int/de/about-us/partners/news/news/2018/12/health-is-a-human-right.

WHO. (7. April 2021b). *WHOQOL: Measuring Quality of Life.* https://www.who.int/toolkits/whoqol.

https://www.zitate.eu/autor/sebastian-kneipp-zitate/64033.

Zeitschriftenaufsätze

Adli, M., & Schöndorf, J. (2020). Macht uns die Stadt krank? Wirkung von Stadtstress auf Emotionen, Verhalten und psychische Gesundheit [Does the city make us ill? The effect of urban stress on emotions, behavior, and mental health]. *Bundesgesundheitsblatt, Gesundheitsforschung, Gesundheitsschutz, 63*(8), 979–986. https://doi.org/10.1007/s00103-020-03185-w.

Astell-Burt, T., & Feng, X. (2019). Association of urban green space with mental health and general health among adults in Australia. *JAMA Network Open, 2*(7), e198209. https://doi.org/10.1001/jamanetworkopen.2019.8209.

Baumeister, H., & Hornberg, C. (2016). Gesundheitsförderliche Potenziale von Stadtnatur für jedermann. *Public Health Forum, 24*(4), 261–264. https://doi.org/10.1515/pubhef-2016-2094.

Berger, N., Lindemann, A.-K., & Böl, G.-F. (2019). Wahrnehmung des Klimawandels durch die Bevölkerung und Konsequenzen für die Risikokommunikation [Public perception of climate change and implications for risk communication]. *Bundesgesundheitsblatt, Gesundheitsforschung, Gesundheitsschutz, 62*(5), 612–619. https://doi.org/10.1007/s00103-019-02930-0.

Bundesministerium für Umwelt, Naturschutz & Bau und Reaktorsicherheit. (2016). Naturbewusstsein 2015. https://www.bfn.de/fileadmin/BfN/gesellschaft/Dokumente/Naturbewusstsein-2015_barrierefrei.pdf.

Hannover: Verl. d. ARL. https://nbn-resolving.org/urn:Nbn:De:0168-ssoar-59584-6.

Claßen, T., & Bunz, M. (2018). Einfluss von Naturräumen auf die Gesundheit – Evidenzlage und Konsequenzen für Wissenschaft und Praxis [Contribution of natural spaces to human health and wellbeing]. *Bundesgesundheitsblatt – Gesundheitsforschung – Gesundheitsschutz, 61*(6), 720–728. https://doi.org/10.1007/s00103-018-2744-9.

Francis, J., Wood, L. J., Knuiman, M., & Giles-Corti, B. (2012). Quality or quantity? Exploring the relationship between Public Open Space attributes and mental health in Perth, Western Australia. *Social Science & Medicine (1982), 74*(10), 1570–1577. https://doi.org/10.1016/j.socscimed.2012.01.032.

Grewe, H. A. (2016). Prävention von Gesundheitsrisiken in städtischen Wärmeinseln. *Public Health Forum, 24*(4), 298–300. https://doi.org/10.1515/pubhef-2016-2093.

GRÜNSTATTGRAU Forschungs- und Innovations-GmbH. Fassaden & Vertikalbegrünung – Internationale & nationale Best-Practice-Beispiele.

Hahad, O., et al. (2020). Auswirkungen von Umweltrisikofaktoren wie Lärm und Luftverschmutzung auf die psychische Gesundheit: Was wissen wir? *Deutsche Medizinische Wochenschrift, 145*, 1701–1707.

Hanski, I., von Hertzen, L., Fyhrquist, N., Koskinen, K., Torppa, K., Laatikainen, T., Karisola, P., Auvinen, P., Paulin, L., Mäkelä, M. J., Vartiainen, E., Kosunen, T. U., Alenius, H., & Haahtela, T. (2012). Environmental biodiversity, human microbiota, and allergy are interrelated. *Proceedings of the National Academy of Sciences of the United States of America, 109*(21), 8334–8339. https://doi.org/10.1073/pnas.1205624109.

Hartig, T., Evans, G. W., Jamner, L. D., Davis, D. S., & Gärling, T. (2003). Tracking restoration in natural and urban field settings. *Journal of Environmental Psychology, 23*(2), 109–123. https://doi.org/10.1016/S0272-4944(02)00109-3.

Kardan, O., Gozdyra, P., Misic, B., Moola, F., Palmer, L. J., Paus, T., & Berman, M. G. (2015). Neighborhood greenspace and health in a large urban center. *Scientific Reports, 5*(1), 11610. https://doi.org/10.1038/srep11610.

Köckler, H., & Sieber, R. (2020). Die Stadt als gesunder Lebensort?!: Stadtentwicklung als ein Politikfeld für Gesundheit [The city as a place for healthy living?!: Urban development as a health policy area]. *Bundesgesundheitsblatt, Gesundheitsforschung, Gesundheitsschutz, 63*(8), 928–935. https://doi.org/10.1007/s00103-020-03176-x.

Kümper-Schlake, L. (2016). Urbanisierung und Ökologische Stadtentwicklung. *Standort, 40*(2), 104–110. https://doi.org/10.1007/s00548-016-0431-3.

Lee, A. C. K., & Maheswaran, R. (2011). The health benefits of urban green spaces: A review of the evidence. *Journal of public health (Oxford, England), 33*(2), 212–222. https://doi.org/10.1093/pubmed/fdq068.

Li, Q., Morimoto, K., Kobayashi, M., Inagaki, H., Katsumata, M., Hirata, Y., Hirata, K., Suzuki, H., Li, Y. J., Wakayama, Y., Kawada, T., Park, B. J., Ohira, T., Matsui, N., Kagawa, T., Miyazaki, Y., & Krensky, A. M. (2008). Visiting a forest, but not a city, increases human natural killer activity and expression of anti-cancer proteins. *International Journal of Immunopathology and Pharmacology, 21*(1), 117–127. https://doi.org/10.1177/039463200802100113.

Maas, J., Verheij, R. A., de Vries, S., Spreeuwenberg, P., Schellevis, F. G., & Groenewegen, P. P. (2009). Morbidity is related to a green living environment. *Journal of Epidemiology and Community Health, 63*(12), 967–973. https://doi.org/10.1136/jech.2008.079038.

Maller, C., Townsend, M., Pryor, A., Brown, P., & St Leger, L. (2006). Healthy nature healthy people: 'contact with nature' as an upstream health promotion intervention for populations. *Health Promotion International, 21*(1), 45–54. https://doi.org/10.1093/heapro/dai032.

Markevych, I., Fuertes, E., Tiesler, C. M. T., Birk, M., Bauer, C.-P., Koletzko, S., von Berg, A., Berdel, D., & Heinrich, J. (2014). Surrounding greenness and birth weight: Results from the GINIplus and LISAplus birth cohorts in Munich. *Health & Place, 26*, 39–46. https://doi.org/10.1016/j.healthplace.2013.12.001.

Michalsen, A. (2020). Natur als Therapie und Prävention. *Zeitschrift für Komplementärmedizin, 12*(2), 12–17.

Münzel, T., Kröller-Schön, S., Oelze, M., Gori, T., Schmidt, F. P., Steven, S., Hahad, O., Röösli, M., Wunderli, J.-M., Daiber, A., & Sørensen, M. (2020). Adverse cardiovascular effects of traffic noise with a focus on nighttime noise and the new WHO noise guidelines. *Annual Review of Public Health, 41*, 309–328. https://doi.org/10.1146/annurev-publhealth-081519-062400.

Orban, E., McDonald, K., Sutcliffe, R., Hoffmann, B., Fuks, K. B., Dragano, N., Viehmann, A., Erbel, R., Jöckel, K.-H., Pundt, N., & Moebus, S. (2016). Residential road traffic noise and high depressive symptoms after five years of follow-up: Results from the Heinz Nixdorf recall study. *Environmental Health Perspectives, 124*(5), 578–585. https://doi.org/10.1289/ehp.1409400.

Peen, J., Schoevers, R. A., Beekman, A. T., & Dekker, J. (2010). The current status of urban-rural differences in psychiatric disorders. *Acta psychiatrica Scandinavica, 121*(2), 84–93. https://doi.org/10.1111/j.1600-0447.2009.01438.x.

Pickford, R., Kraus, U., Frank, U., Breitner, S., Markevych, I., & Schneider, A. (2020). Kombinierte Effekte verschiedener Umweltfaktoren auf die Gesundheit: Luftschadstoffe, Temperatur, Grünflächen, Pollen und Lärm [Combined effects of different environmental factors on health: Air pollution, temperature, green spaces, pollen, and noise]. *Bundesgesundheitsblatt, Gesundheitsforschung, Gesundheitsschutz, 63*(8), 962–971. https://doi.org/10.1007/s00103-020-03186-9.

Pretty, J. N., Barton, J., Colbeck, I., Hine, R., Mourato, S., MacKerron, G., & Wood, C. (2010). Health values from ecosystems. http://uknea.unep-wcmc.org/LinkClick.aspx?fileticket=S901pJcQm%2fQ%3d&tabid=82.

Reese, G., & Menzel, C. (2020). Klimawandel und psychische Gesundheit – Handeln, nicht hadern! *Public Health Forum, 28*(1), 68–71. https://doi.org/10.1515/pubhef-2019-0120.

Richardson, E. A., & Mitchell, R. (2010). Gender differences in relationships between urban green space and health in the United Kingdom. *Social Science & Medicine (1982), 71*(3), 568–575. https://doi.org/10.1016/j.socscimed.2010.04.015.

Salomon, M., Brodner, B., & Hornberg, C. (2018). Umweltbezogener Gesundheitsschutz im städtischen Lebensraum. *Public Health Forum, 26*(3), 247–251. https://doi.org/10.1515/pubhef-2018-0078.

Saß, A.-C., Niemann, H., Straff, W., & Bunz, M. (2020). Health and the City. *Bundesgesundheitsblatt, Gesundheitsforschung, Gesundheitsschutz, 63*(8), 925–927. https://doi.org/10.1007/s00103-020-03194-9.

Schulz, H., Karrasch, S., Bölke, G., Cyrys, J., Hornberg, C., Pickford, R., Schneider, A., Witt, C., & Hoffmann, B. (2019a). Atmen: Luftschadstoffe und Gesundheit – Teil I [Breathing: Ambient air pollution and health – Part I]. *Pneumologie (Stuttgart, Germany), 73*(5), 288–305. https://doi.org/10.1055/a-0882-9366.

Schulz, H., Karrasch, S., Bölke, G., Cyrys, J., Hornberg, C., Pickford, R., Schneider, A., Witt, C., & Hoffmann, B. (2019b). Atmen: Luftschadstoffe und Gesundheit – Teil II [Breathing: Ambient air pollution and health – Part II]. *Pneumologie (Stuttgart, Germany), 73*(6), 347–373. https://doi.org/10.1055/a-0895-6494.

Schulz, H., Karrasch, S., Bölke, G., Cyrys, J., Hornberg, C., Pickford, R., Schneider, A., Witt, C., & Hoffmann, B. (2019c). Atmen: Luftschadstoffe und Gesundheit – Teil III [Breathing: Ambient air pollution and health – Part III]. *Pneumologie (Stuttgart, Germany), 73*(7), 407–429. https://doi.org/10.1055/a-0920-6423.

South, E. C., Hohl, B. C., Kondo, M. C., MacDonald, J. M., & Branas, C. C. (2018). Effect of greening vacant land on mental health of community-dwelling adults: A cluster randomized trial. *JAMA Network Open, 1*(3), e180298. https://doi.org/10.1001/jamanetworkopen.2018.0298.

Ströher, H., & Mues, A. W. (2016). Wie grün wünscht sich die Bevölkerung Deutschlands ihre Städte? *Standort, 40*(2), 111–116. https://doi.org/10.1007/s00548-016-0425-1.

Sundquist, K., Frank, G., & Sundquist, J. (2004). Urbanisation and incidence of psychosis and depression. *British Journal of Psychiatry, 184*, 293–298.

Twohig-Bennett, C., & Jones, A. (2018). The health benefits of the great outdoors: A systematic review and meta-analysis of greenspace exposure and health outcomes. *Environmental Research, 166*, 628–637. https://doi.org/10.1016/j.envres.2018.06.030.

Ulrich, R. S. (1984). View through a window may influence recovery from surgery. *Science (New York, N.Y.), 224*(4647), 420–421. https://doi.org/10.1126/science.6143402.

Ward Thompson, C., Roe, J., Aspinall, P., Mitchell, R., Clow, A., & Miller, D. (2012). More green space is linked to less stress in deprived communities: Evidence from salivary cortisol patterns. *Landscape and Urban Planning, 105*(3), 221–229. https://doi.org/10.1016/j.landurbplan.2011.12.015.

Wothge, J., & Niemann, H. (2020). Gesundheitliche Auswirkungen von Umgebungslärm im urbanen Raum [Adverse health effects due to environmental noise exposure in urban areas]. *Bundesgesundheitsblatt – Gesundheitsforschung – Gesundheitsschutz, 63*(8), 987–996. https://doi.org/10.1007/s00103-020-03178-9.

Zielo, B., & Matzarakis, A. (2018). Bedeutung von Hitzeaktionspläne für den präventiven Gesundheitsschutz in Deutschland [Relevance of heat health actions plans for preventive public health in Germany]. *Gesundheitswesen (Bundesverband der Ärzte des Öffentlichen Gesundheitsdienstes (Germany)), 80*(4), e34–e43. https://doi.org/10.1055/s-0043-107874.

Zeitungsartikel

Matzig, G. (28. August 2020). Hecke der Hoffnung. *Süddeutsche Zeitung.* https://www.sueddeutsche.de/stil/architektur-hecke-der-hoffnung-1.5012323.

Printed in the United States
by Baker & Taylor Publisher Services